装配式建筑建造系列教材

装配式建筑混凝土结构施工技术

主　编　孙俊霞　王丽梅

副主编　李姗姗　胡　婷　张洪刚

参　编　谭　斌　沈　健　苟泽彬　唐立文

主　审　范幸义

西南交通大学出版社
·成　都·

图书在版编目（ＣＩＰ）数据

装配式建筑混凝土结构施工技术 / 孙俊霞，王丽梅
主编. 一成都：西南交通大学出版社，2019.10（2022.1 重
印）

装配式建筑建造系列教材
ISBN 978-7-5643-7172-2

Ⅰ. ①装… Ⅱ. ①孙… ②王… Ⅲ. ①装配式混凝土
结构 – 混凝土施工 – 高等学校 – 教材 Ⅳ. ①TU755

中国版本图书馆 CIP 数据核字（2019）第 224184 号

装配式建筑建造系列教材
Zhuangpeishi Jianzhu Hunningtu Jiegou Shigong Jishu

装配式建筑混凝土结构施工技术

责任编辑 / 姜锡伟

主　编 / 孙俊霞　王丽梅　　　　助理编辑 / 王同晓

封面设计 / 吴　兵

西南交通大学出版社出版发行

（四川省成都市金牛区二环路北一段 111 号西南交通大学创新大厦 21 楼　610031）
发行部电话：028-87600564　028-87600533
网址：http://www.xnjdcbs.com
印刷：成都中永印务有限责任公司

成品尺寸　185 mm × 260 mm
印张　11.5　　字数　286 千
版次　2019 年 10 月第 1 版　　印次　2022 年 1 月第 2 次

书号　ISBN 978-7-5643-7172-2
定价　35.00 元

前　言

随着建筑行业转型、升级，在建筑产业现代化发展的新形势下，传统建筑业快速发展的同时也暴露了其不利的一面，如劳动强度大、施工精度低、质量误差大、材料浪费严重等。为解决上述问题，装配式建筑应运而生，它更能符合绿色施工的节地、节能、节材、节水和环境保护等要求；降低对环境的负面影响，包括降低噪音，防止扬尘，减少环境污染，清洁运输，减少场地干扰，节约水、电、材料等资源和能源，循序可持续发展。装配式建筑可连续的按顺序完成工程的多个或全部工序，减少进场的工程机械数量，消除工序衔接的停歇时间，实现立体交叉作业。在这种行业发展趋势下，土木建筑类相关专业应进行专业结构调整，专业升级转型以适应现代建筑产业化发展的需要。本教材重点介绍装配式混凝土结构施工技术。

目前，全国装配式建筑混凝土结构施工技术知识介绍的教材相对较少。为适应建筑转型、升级和建筑产业现代化发展的需要，加强建筑工程人员、教师及相关专业的学生对装配式建筑混凝土结构施工的新技术的学习，本教材以装配式结构工程为实例，模拟现场施工顺序，从混凝土结构施工前准备工作、基础工程施工、主体工程施工、防水工程施工等顺序来全面介绍装配式建筑混凝土结构工程施工。

本书内容涵盖装配式混凝土结构新型施工技术和新的工艺方法，给读者一个装配式建筑PC结构施工工艺流程的全面介绍。本教材计划 32 学时，可作为职业教育高校学生的教材，同时也为装配式建筑关于混凝土结构施工工程技术人员提供较全面的参考。

本教材的第 1 章由重庆房地产职业学院建设工程系的孙俊霞教师编写；第 2 章由重庆房地产职业学院建设工程系的胡婷教师编写；第 3 章由重庆房地产职业学院建设工程系的王丽梅教师和孙俊霞教师编写；第 4 章由重庆房地产职业学院建设工程系李姗姗教师和重庆市职业技能鉴定中心副主任张洪刚编写。全书由孙俊霞统稿，由范幸义主审。

本书编写过程中听取和采纳了深圳立得屋住宅科技有限公司、中鸿基（北京）集成房屋科技有限公司、重庆拓达建设（集团）有限公司、北新集成房屋有限公司的专家及工程师们的意见，在此，谨向他们表示衷心的感谢！由于作者的水平有限，书中的不足和疏漏在所难免，敬请读者谅解。

编　者
2019 年 7 月

目　录

0　绪　论

装配整体式混凝土结构是国内外建筑工业化最重要的生产方式之一，它具有提高建筑质量，缩短工期、节约能源、减少消耗、清洁生产等诸多优点。目前，我国的建筑体系也借鉴国外经验采用装配整体式等方式，并取得了非常好的效果。所谓装配整体式混凝土结构，是由预制混凝土构件通过可靠的方式进行连接并与现场后浇混凝土，水泥基灌浆料形成整体的装配式混凝土结构。

0.1　我国装配式混凝土结构发展历程

1.我国装配式混凝土结构的发展历程

我国预制混凝土起源于 20 世纪 50 年代，早期受苏联预制混凝土建筑模式的影响，要应用在工业厂房，住宅，办公楼等建筑领域。20 世纪 50 年代后期到 80 年代中期，大部分单层工业厂房都采用预制混凝土建造。20 世纪 80 年代中期以前，在多层住宅和办公建筑中也大量采用预制混凝土技术，主要结构形式有：装配式大板结构、盒子结构、框架轻板结构和叠合式框架结构。20 世纪 70 年代以后我国政府提倡建筑要实现三化，即工厂化、装配化、标准化。在这一时期，预制混凝土在我国发展迅速，在建筑领域被普遍采用，为我国建造了几十亿平方米的工业和民用建筑。

到 20 世纪 70 年代末 80 年代初，基本建立了以标准预制构件为基础的应用技术体系，包括以空心板等为基础的砖混住宅，大板住宅，装配式框架及单层工业厂房等技术体系。

从 20 世纪 80 年代中期以后，我国预制混凝土建筑因成本控制过低，整体性差，防水性能差，以及国家建设政策的改革和全国性劳动力密集型大规模基本建设的高潮迭起，最终使装配式结构的比例迅速降低，自此步入衰退期。据统计，我国装配式大板建筑的竣工面积从 1983～1991 年逐年下降，20 世纪 80 年代中期以后我国装配式大板厂相继倒闭，1992 年以后就很少采用了。

进入 21 世纪后，预制部品构件由于它固有的一些优点在我国又重新受到重视。预制部品构件生产效率高、产品质量好，尤其是它可改善工人劳动条件，环境影响小，有利于社会可持续发展，这些优点决定了预制混凝土是未来建筑发展的一个必然方向。

近年来我国有关预制混凝土的研究和应用有回暖的趋势，国内相继开展了一些预制混凝土节点和整体结构的研究工作。在工程应用方面采用新技术的预制混凝土建筑也逐渐增多，如南京金帝御坊工程采用了预应力预制混凝土装配整体框架结构体系，大连某 43 层的大厦采用了预制混凝土叠合楼面。相信随着我国预制混凝土研究和应用工作的开展，不远的将来预制混凝土将会迎来一个快速的发展时期。北京榆构等单位完成了多项公共建筑外墙挂板，预制体育场看台工程。2005年之后，万科集团、远大住工集团等单位在借鉴国外技术及工程经验的基础上，从应用住宅预制外墙板开始，成功开发了具有中国特色的装配式剪力墙住宅结构体系。

我国台湾和香港地区的装配式建筑启动以来未曾中断，一直处于稳定的发展成熟阶段。

我国台湾地区的装配式混凝土建筑体系和日本、韩国接近，装配式结构节点连接构造和抗震，隔震技术的研究和应用都很成熟。装配框架梁柱、预制外墙挂板等构件应用广泛。

我国香港地区在20世纪70年代末采用标准化设计，自1980年以后采用了预制装配式体系。叠合楼板，预制楼梯，整体式PC卫生间，大型PC飘窗外墙被大量用于高层住宅公屋建筑中。厂房类建筑一般采用装配式框架结构或钢结构建造。

2．我国装配整体式混凝土结构的技术体系

（1）我国装配整体式混凝土结构技术体系的研究。

装配整体式混凝土结构的主体结构，依靠节点和拼缝将结构连接成整体并同时满足使用阶段和施工阶段的承载力、稳固性、刚性、延性要求。连接构造采用钢筋的连接方式有灌浆套筒连接、搭接连接和焊接连接。配套构件如门窗、有水房间的整体性技术和安装装饰的一次性完成技术等也属于该类建筑的技术特点。

预制构件如何传力、协同工作是预制钢筋混凝土结构研究的核心问题，具体来说就是钢筋的连接与混凝土界面的处理。自2008年以来，我国广大科技人员在前期研究的基础上做了大量试验和理论研究工作，如Z形试件结合面直剪和弯剪性能单调加载试验、装配整体式混凝土框架节点抗震性能试验、预制剪力墙抗震试验和预制外挂墙板受力性能试验等，对装配整体式混凝土结构结合面的抗剪性能，预制构件的连接技术及纵向钢筋的连接性能进行了深入研究。2014年，为适应国家"十二五"规划及未来对住宅产业化发展的需求，国内学者对在装配式结构中占比重较大的钢筋混凝土叠合楼板展开研究，对钢筋套筒灌浆料密实性进行研究装配整体式混凝土结构的预制构件（柱，梁，墙、板）在设计方面，遵循受力合理、连接可靠、施工方便、少规格、多组合原则。在满足不同地域对不同户型的需求的同时，建筑结构设计尽量通用化、模块化、规范化，以便实现构件制作的通用化。结构的整体性和抗倒塌能力主要取决于预制构件之间的连接，在地震、偶然撞击等作用下，整体稳固性对装配式结构的安全性至关重要。结构设计中必须充分考虑结构的节点、拼缝等部位的连接构造的可靠性。同时装配整体式混凝土结构设计要求装饰设计与建筑设计同步完成，构件详图的设计应表达出装饰装修工程所需预埋件和室内水电的点位。只有这样才能在装饰阶段直接利用预制构件中所预留预埋的管线，不会因后期点位变更而破坏墙体。

从我国现阶段情况看，尚未达到全部构件的标准化，建筑的个性化与构件的标准化仍存在着冲突，装配整体式混凝土结构的预制构件以设计图纸为制作及生产依据，设计的合理性直接影响项目的成本。发达国家经验表明，固定的单元格式也可通过多样性组合拼装出丰富的外立面效果，单元拼装的特殊视觉效果也许会成为装配整体式混凝土结构设计的突破口，要通过若干年发展实践，逐步实现构件，部品设计的标准化与模数化。

目前国内装配整体式混凝土结构按照等同现浇结构进行设计。

（2）我国装配整体式混凝土结构的技术体系种类。

目前国内常用装配整体式建筑的结构体系有：装配整体式混凝土剪力墙结构体系、装配整体式混凝土框架结构体系，现浇混凝土框架外挂预制混凝土墙板体系（内浇外挂式框架体系），现浇混凝土剪力墙外挂预制混凝土墙板体系（内浇外挂式剪力墙体系），内部钢结构框架外挂混凝土墙板体系（内部钢结构外挂式框架体系）。

近些年国内建筑产业化企业在发展装配式 PC 建筑时，所采取的技术结构体系均有所不同，大致有以下几种类型。

万科在南方侧重于预制框架或框架结构外挂板 + 装配整体式剪力墙结构，采取设计一体化，土建与装修一体化，PC 窗预埋等技术；在北方侧重于装配整体式剪力墙结构。远大住工为装配式叠合楼盖现浇剪力墙结构体系，装配式框架体系，围护结构采用外挂墙板。在整体厨卫，成套门窗等技术方面实现标准化设计。南京大地建设采用装配式框架外挂板体系，预制预应力混凝土装配整体式框架结构体系。中南集团为全预制装配整体式剪力墙（NPC）体系。宝业集团为叠合式剪力墙装配整体式混凝土结构体系。上海城建集团为预制框架剪力墙装配式住宅结构技术体系。黑龙江宇辉集团为预制装配整体式混凝土剪力墙结构体系。山东万斯达为 PK（拼装，快速）系列装配整体式剪力墙结构体系。

0.2 国外装配式混凝土结构发展概况

预制混凝土技术起源于英国。1875 年，英国人雷氏提出了在结构承重骨架上安装预制混凝土墙板的新型建筑方案。1891 年，法国巴黎埃德·科金特诺思公司首次在比里亚茨的俱乐部建筑中使用预制混凝土梁。二战结束后，预制混凝土结构首先在西欧发展起来，然后推广到世界各国发达国家的装配式混凝土建筑经过几十年甚至上百年的时间，已经发展到了相对成熟，完善的阶段。但各国根据自身实际，选择了不同的道路和方式。

美国的装配式建筑起源于 20 世纪 30 年代。20 世纪 70 年代，美国国会通过了国家工业化住宅建造及安全法案，美国城市发展部出台了一系列严格的行业规范标准，一直沿用到今天。美国城市住宅以"钢结构 + 预制外墙挂板"的高层结构体系为主，在小城镇多以轻钢结构，木结构低层住宅体系为主。

法国、德国住宅以预制混凝土体系为主，钢、木结构体系为辅。多采用构件预制与混凝土现浇相结合的建造方式，注重保温节能特性。高层主要采用混凝土装配式框架体系，预制装配率达到 80%。

瑞典是世界上住宅装配化应用最广泛的国家，新建住宅中通用部件占到了 80%。

丹麦发展住宅通用体系化的方向是"产品目录设计"，它是世界上第一个将模数法制化的国家。

日本于 1968 年就提出了装配式住宅的概念。1990 年推出了采用部件化，工业化生产方式，追求中高层住宅的配件化生产体系。2002 年，日本发布了《现浇等同型钢筋混凝土预制结构设计指针及解说》。日本普通住宅以"轻钢结构和木结构别墅"为主，城市住宅以"钢结构或预制混凝土框架 + 预制外墙挂板"框架体系为主。

新加坡自 20 世纪 90 年代初开始尝试采用预制装配式住宅，预制化率很高，其中新加坡最著名的达土岭组屋，共 50 层，总高度为 145 m，整栋建筑的预制装配率达到 94%。

0.3 装配式建筑评价指标

装配式混凝土建筑相对于现浇建筑，其承重墙体、柱、梁、楼板等主体结构和围护结构，以及内部装饰部品、设备管线等都是在工厂预制在施工现场装配的，总体实现了建造方式的转型，提高了工程质量和效率。

为了保障装配式建筑评价质量和效果，住房和城乡建设部颁布了国家标准《工业化建筑评价标准》（GB/T 51129—2015）。根据该标准的规定，装配式建筑评价分为项目预评价和项目评价（指项目最终评价结果）。项目预评价一般在设计阶段完成后进行，主要目的是促进装配式建筑设计理念尽早融入项目实施中。如果项目预评价结果满足基础项评价要求，对于发现的不足之处，申请评价单位可以通过调整和优化方案进一步提高装配化水平；如果评价结果不满足基础项评价要求，申请评价单位可以通过调整和修改设计方案来满足要求。若申请评价项目在主体结构和装饰装修工程通过竣工验收后进行评价，则评价后得到项目最终评价结果。

预制率、装配率是评价装配式建筑的两项重要指标，也是政府制定装配式建筑扶持政策的主要依据指标。目前，国内对这些指标的评价还没有统一标准，这里从概念入手来进行解释。

任何移动装配式混凝土建筑都不可能做到 100% 预制，为了保证建筑整体性，主体结构施工必须采用部分现浇方式。《工业化建筑评价标准》（GB/T 51129—2015）给出定义，预制率为工业化建筑室外地坪以上主体结构和围护结构中预制部分的混凝土用量占对应构件混凝土总用量的体积比。其计算公式为

$$预制率 = \frac{预制构件部分的混凝土体积}{对应构件混凝土总体积}$$

《工业化建筑评价标准》（GB/T 51129—2015）规定，上述混凝土结构部分是指主体结构和维护结构部分，并要求预制率不低于 20%。但上述计算方式也存在一定问题，主要是混凝土体积计算比较烦琐，对上部结构中是否考虑非承重隔墙、地下室等混凝土未予明确。

装配式建筑中还有一个指标称为装配率，其定义为工业化建筑中预制构件、建筑部品的数量（或面积）占同类构件或部品总数量（或面积）的比率（实际评价规则中，不含已经算预制率的构件）。该值要求不低于 50%，用公式表示为

$$装配率 = \frac{预制构件、建筑部品的数量(或面积)}{同类构件或部品的总数量(或面积)}$$

值得注意的是，这里装配率计算只针对单独构件或建筑部品，未提出单栋建筑的装配率计算方法。

目前，许多地方都开始大力推行装配式建筑，并编制了相应的地方标准，各地标准有所不同，这里不再一一叙述。

0.4 装配式混凝土结构的发展展望

1．装配整体式混凝土结构的发展意义

（1）提高工程质量和施工效率。通过标准化设计，工厂化生产，装配化施工，减少了人工操作和劳动强度，确保了构件质量和施工质量，从而提高了工程质量和施工效率，减少资源、能源消耗，减少建筑垃圾，保护环境。由于实现了构件生产工厂化，材料和能源消耗均处于可控状态；建造阶段消耗建筑材料和电力较少，施工扬尘和建筑垃圾大大减少。

（2）缩短工期，提高劳动生产率。由于构件生产和现场建造在两地同步进行，建造、装修和设备安装一次完成，相比传统建造方式大大缩短了工期，能够适应目前我国大规模的城市化进程。

（3）转变建筑工人身份，促进社会稳定、和谐。现代建筑产业减少了施工现场临时工的用工数量，并使其中一部分人进入工厂，变为产业工人，助推城镇化发展。

（4）减少施工事故。与传统建筑相比，产业化建筑建造周期短、工序少，现场工人需求量小，可进一步降低发生施工事故的概率。

（5）施工受气象因素影响小。产业化建造方式大部分构配件在工厂生产，现场基本为装配作业，且施工工期短，受降雨、大风、冰雪等气象因素的影响较小。

随着新型城镇化的稳步推进，人民生活水平不断提高，全社会对建筑品质的要求也越来越高。与此同时，能源和环境压力逐渐加大，建筑行业竞争加剧。建筑产业现代化对推动建筑业产业升级和发展方式转变，促进节能减排和民生改善，推动城乡建设走上绿色、循环、低碳的科学发展轨道，实现经济社会全面、协调，可持续发展，不仅意义重大，更迫在眉睫。

2．装配整体式混凝土结构的发展展望

我国在装配式结构的研究上已取得了一些成果，许多高校和企业为装配式结构的推广做出了贡献，同济大学、清华大学、东南大学及哈尔滨工业大学等高校均进行了装配式框架结构的相关构造研究。在万科集团、远大住工集团等企业的大力推动下，装配式结构也得到了一定的推广应用。但目前主要的应用还是一些非结构构件，如预制外挂墙板，预制楼梯及预制阳台等，对于承重构件的应用（如梁，柱等）还是非常少。我国装配式结构未来的发展主要体现在以下几个方面：

（1）装配整体式混凝土结构在国内研究应用的较少，也很少有完整的施工图，国内仅有少量的设计院能够做装配整体式混凝土框架结构的设计，设计技术人员缺少，使之难以推广。我国应根据国家出台的相关规范，运用新的构造措施和施工工艺形成一个系统，以支撑装配式结构在全国范围内的广泛应用。

（2）目前，我国的工业化建筑体系处在专用体系的阶段，未达到通用体系的水平。只有实现在模数化规则下的设计标准化，才能实现构件生产的通用化，有利于提高生产效率和质量，有助于住宅部品的推广应用。

实现建筑与部品模数协调、部品之间的模数协调、部品的集成化和工业化生产土建与装修的一体化，才能实现装修一次性到位。达到加快施工速度，减少建筑垃圾，实现可持续发展的目标。

（3）装配式结构在我国发展存在间断期，使得掌握这项技术的人才也产生了断代，且随着抗震要求的不断提高，混凝土结构的设计难度也更大了。我们应提高装配式结构的整体性能和抗震性能，使人们对装配式结构的认识不只停留在现浇结构上，积极推广装配整体式混凝土结构，推进应用具有可改造性的长寿命 SI 住宅。

（4）装配整体式混凝土结构预制构件间的连接技术在保证整体结构安全性、整体性的前提下，尽量简化连接构造，降低施工中不确定性对结构性能的影响。目前我国预制构件的连接方法主要采用套筒灌浆与浆锚连接两种，开发工艺简单、性能可靠的新型连接方式是装配整体式混凝土结构发展的需要。

（5）日本于 1974 年建立了住宅部品认定制度，经过认定的住宅部品，政府强制要求在公营住宅中使用，同时也受到市场的认可并普遍被采用。

我国建筑预制构件和部品生产单位水平参差不齐、所生产的产品良莠不一。目前我国缺乏专门部门对其进行相关认定。这既不利于保证部品及构件的质量，也不利于企业之间展开充分竞争。我国可以学习日本住宅部品认定制度经验，建立优良住宅部品认定制度，形成住宅部品优胜劣汰的机制。建立这项权威制度，是推动住宅产业和住宅部品发展的一项重要措施。

（6）目前我国装配整体式混凝土结构处于发展初期，设计、施工、构件生产、思想观念等方面都在从现浇向预制装配转型。这一时期宜以少量工程为样板，以严格技术要求进行控制，样板先行再大量推广。应关注新型结构体系带来的外墙拼缝渗水、填缝材料耐久性、叠合板板底裂缝等非结构安全问题，总结经验，解决新体系下的质量常见问题。

1　施工前准备工作

施工前准备工作是为了保证工程顺利开工和施工活动正常进行而必须事先做好的各项准备工作。它是施工程序中的重要环节，不仅存在于开工前，而且贯穿于整个施工过程之中。为了保证工程项目顺利地进行施工，必须做好施工前准备工作。施工前准备工作应遵循建筑施工程序，只有严格按照建筑施工程序进行才能使工程施工符合技术规律和经济规律。充分做好施工前准备工作，可以有效降低风险损失，加强应变能力。工程项目中不仅需要耗用大量材料，使用许多机械设备 组织安排各工种人力，涉及广泛的社会关系，还要处理各种复杂的技术问题，协调各种配合关系，因而需要通过统筹安排和周密准备，才能使工程顺利开工，开工后才能连续顺利地施工且能得到各方面条件的保证。认真做好工程项目施工前准备工作，能调动各方面的积极因素，合理组织资源，加快施工进度，提高工程质量，降低工程成本，从而提高企业经济效益和社会效益。

施工前准备工作的内容我们已经在"建筑施工组织"这门课程中进行了学习。本书主要就装配式混凝土结构工程的施工准备工作进行阐述，其内容侧重于围绕预制构件的吊装施工。

1.1　装配式混凝土结构的基本构件识图

1.1.1　装配式混凝土结构基本构件

按照组成建筑的构件特征和性能划分，包括：

（1）预制楼板（含预制实心板、预制空心板、预制叠合板、预制阳台）；

（2）预制梁（含预制实心梁、预制叠合梁、预制 U 型梁）；

（3）预制墙（含预制实心剪力墙、预制空心墙、预制叠合式剪力墙、预制非承重墙）；

（4）预制柱（含预制实心柱、预制空心柱）；

（5）预制楼梯（预制楼梯段、预制休息平台）；

（6）其他复杂异形构件（预制飘窗、预制带飘窗外墙、预制转角外墙、预制整体厨房卫生间、预制空调板等）。

根据工艺特征不同，可以进一步细分，例如：

（1）预制叠合楼板包括预制预应力叠合楼板（南京大地为代表）、预制桁架钢筋叠合楼板（合肥宝业西韦德为代表）、预制带肋预应力叠合楼板（PK 板）（济南万斯达为代表）等；

（2）预制实心剪力墙包括预制钢筋套筒剪力墙（北京万科和榆构为代表）、预制约束浆锚剪力墙（黑龙江宇辉为代表）、预制浆锚孔洞间接搭接剪力墙（中南建设为代表）等；

（3）预制外墙从构造上又可分为预制普通外墙（长沙远大、深圳万科为代表）、预制夹心三明治保温外墙（万科、宇辉、亚泰为代表）等。

总之，预制构件的表现形式是多样的，可以根据项目特点和要求灵活采用，在此不一一赘述。

1．预制混凝土楼面板

预制楼板的使用可以减少施工现场支护模板的工作量，节省人工和周转材料，具有良好的经济性，是预制混凝土建筑降低造价、加快工期、保证质量的重要措施，其中预应力楼板能有效发挥高强度材料作用，可减小截面、节省钢材，是节能减碳的重要举措。预制楼板的生产效率高，安装速度快，能创造显著的经济效益。

预制混凝土楼面板按照制造工艺不同可分为预制混凝土叠合板，预制混凝土实心板预制混凝土空心板、预制混凝土双T板等

预制混凝土叠合板最常见的主要有两种，一种是桁架钢筋混凝土叠合板，另一种是预制带底板混凝土叠合楼板。桁架钢筋混凝土叠合板属于半预制构件，下部为预制板外露部分为桁架钢筋，见图1-1、图1-2。预制混凝土叠合板的预制部分厚度通常为60 mm，叠合楼板在工地安装到位后要进行二次浇筑，从而成为整体实心楼板，桁架钢筋的主要作用是将后浇筑的混凝土层与预制底板形成整体，并在制作和安装过程中提供刚度。伸出预制混凝土层的桁架钢筋和粗糙的混凝土表面保证了叠合楼板制部分与现浇部分能有效结合成整体。

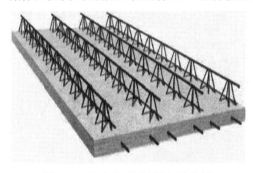

图1-1　桁架钢筋混凝土叠合板　　图1-2　桁架钢筋混凝土叠合板安装

预制带肋底板混凝土叠合楼板是一种预应力带肋混凝土叠合楼板（PK板），见图1-3、图1-4。

PK预应力混凝土叠合板具有以下优点：

（1）国际上最薄、最轻的叠合板之一：厚30 mm，自重110 kg/m^2。

（2）用钢量最省：由于采用高强预应力钢丝，比其他叠合板用钢量节省60%。

（3）承载能力最强：破坏性试验承载力可达1.1 t/m，支撑间距可达3.3 m，减少支撑的数量。

（4）抗裂性能好：由于施加了预应力，极大地提高了混凝土的抗裂性能。

（5）新老混凝土接合好：由于采用了T形肋，现浇混凝土形成倒梯形，新老混凝土互相咬合，新混凝土流到孔中又形成销栓作用。

（6）可形成双向板：在侧孔中横穿钢筋后，避免了传统叠合板只能做单向板的弊病，且预埋管线方便。

预制混凝土实心板制作较为简单，预制混凝土实心板的连接设计也根据抗震构造等级的不同而有所不同，见图 1-5。

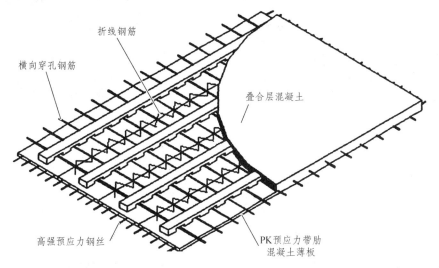

图 1-3　预制带肋底板混凝土叠合楼板图

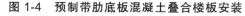

图 1-4　预制带肋底板混凝土叠合楼板安装　　　**图 1-5　预制混凝土实心板**

预制混凝土空心板和预制混凝土双 T 板通常适用于较大的跨度的多层建筑，见图 1-6、图 1-7。预应力双 T 板跨度可达 20 m 以上，如用高强轻质混凝土则可达 30 m 以上。

2．预制混凝土楼梯

预制混凝土楼梯外观更加美观，避免在现场支模，节约工期。预制简支楼梯受力明确，安装后可做施工通道，解决垂直运输问题，保证了逃生通道的安全，见图 1-8。

3．预制混凝土阳台、空调板、女儿墙

（1）预制混凝土阳台。

预制混凝土阳台通常包括预制实心阳台和预制叠合阳台，见图 1-9、图 1-10。预制阳台板能够克服现浇阳台的缺点，解决了阳台支模复杂、现场高空作业费时费力的问题。

图 1-6　预制混凝土空心板

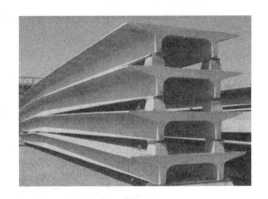

图 1-7　预制混凝土双 T 板

图 1-8　预制楼梯

图 1-9　预制实心阳台

图 1-10　预制叠合阳台

图 1-11　预制混凝土空调板

（2）预制混凝土空调板。

预制混凝土空调板通常采用预制混凝土实心板，板侧预留钢筋与主体结构相连，预制空调板通常与外墙板相连。预制混凝土空调板见图 1-11。

（3）预制混凝土女儿墙。

女儿墙处于屋顶处外墙的延伸部位，通常有立面造型，采用预制混凝土女儿墙的优势是能快速安装，节省工期并提高耐久性。女儿墙可以是单独的预制构件，也可以是顶层的墙板向上延伸，顶层外墙与女儿墙预制为一个构件，见图 1-12。

图 1-12　预制混凝土女儿墙

4．预制混凝土梁

预制混凝土梁根据制造工艺不同分为预制实心梁、预制叠合梁两类，见图 1-13、图 1-14。

图 1-13　预制实心梁

图 1-14　预制混凝土叠合梁

预制实心梁制作简单，构件自重较大，多用于厂房和多层建筑中。预制叠合梁便于预制柱和叠合楼板连接，整体性较强，运用十分广泛。预制梁通常用于梁截面较大或起吊质量受到限制的情况，优点是便于现场钢筋的绑扎，缺点是预制工艺较复杂。

按照是否采用预应力来划分，预制混凝土梁可分为预制预应力混凝土梁和预制非预应力混凝土梁。预制预应力混凝土梁集合了预应力技术节省钢筋、易于安装的优点，生产效率高、施工速度快，在大跨度全预制多层框架结构厂房中具有良好的经济性。

5．预制混凝土剪力墙

预制混凝土剪力墙从受力性能角度分为预制实心剪力墙和预制叠合剪力墙

（1）预制实心剪力墙。

预制实心剪力墙是指将混凝土剪力墙在工厂预制成实心构件，并在现场通过预留钢筋与主体结构相连接，见图 1-15。随着灌浆套筒在预制剪力墙中的使用，预制实心剪力墙的使用越来越广泛。

图 1-15　预制实心剪力墙

预制混凝土夹心保温剪力墙是一种结构保温一体化的预制实心剪力墙，由外叶、内叶和中间层三部分组成。内叶是预制混凝土实心剪力墙，中间层为保温隔热层，外叶为保温隔热层的保护层。保温隔热层与内外叶之间采用拉结件连接。拉结件可以采用玻璃纤维钢筋或不锈钢拉结件。预制混凝土夹心保温剪力墙通常作为建筑物的承重外墙，见图 1-16。

图 1-16　预制混凝土夹心保温剪力墙

（2）预制叠合剪力墙。

预制叠合剪力墙是指一侧或两侧均为预制混凝土墙板，在另一侧或中间部位现浇混凝土从而形成共同受力的剪力墙结构，见图 1-17。预制叠合剪力墙结构在德国有着广泛的运用，在上海和合肥等地已有所应用。它具有制作简单、施工方便等优势。

6．预制混凝土柱

从制造工艺上看，预制混凝土柱包括预制混凝土实心柱和预制混凝土矩形柱壳两种形式，见图 1-18、图 1-19。预制混凝土柱的外观多种多样，包括矩形、圆形和工字形等。在满足运输和安装要求的前提下，预制柱的长度可达到 12 m 或更长。

图 1-17 预制叠合剪力墙

图 1-18 预制混凝土实心柱

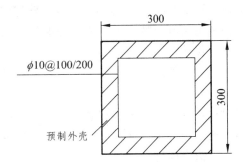

图 1-19 预制混凝土矩形柱壳

1.1.2 装配式混凝土结构构件识图

1. 装配式混凝土结构施工图纸组成

从国家建筑标准设计图集《装配式混凝土结构住宅建筑设计示例（剪力墙结构）》（15G939-1）和《装配式混凝土结构表示方法及示例（剪力墙结构）》（15G107-1）中给出的图纸样例，可以看出装配式混凝土剪力墙结构施工图纸的基本组成，以及其与传统现浇结构施工图纸的差异。

和传统现浇结构施工图组成相同，装配式混凝土剪力墙结构施工图纸也是由建筑施工图、结构施工图和设备施工图（图集中未详细给出）组成。除传统现浇结构的基本图纸组成外，装配式混凝土剪力墙结构施工图纸还增加了与装配化施工相关的各种图示与说明。

在建筑设计总说明中，添加了装配式建筑设计专项说明。在进行装配施工的楼层平面图和相关详图中，需要分别表示出预制构件和后浇混凝土部分。对各类预制构件给出尺寸控制图。根据项目需要，提供 BIM 模型图。

在结构设计总说明中添加装配式结构专项说明，对构件预制生产和现场装配施工的相关要求进行专项说明。对各类预制构件给出模板图和配筋图。

本节以重庆房地产职业学院装配式建筑展示楼部分构件及其施工图为例进行预制混凝土构件的识图练习。（见附录图纸）

1.2 构件与材料的准备

1.2.1 构件的运输

1．构件运输的准备工作

构件运输的准备工作主要包括：制定运输方案、设计并制作运输架、验算构件强度、清查构件及查看运输路线。

（1）制定运输方案。

此环节需要根据运输构件实际情况，装卸车现场及运输道路的情况，施工单位或当地的起重机械和运输车辆的供应条件以及经济效益等因素综合考虑，最终选定运输方法、选择起重机械（装卸构件用）、运输车辆和运输路线。运输线路的制定应按照客户指定的地点及货物的规格和重量制定特定的路线，确保运输条件与实际情况相符。

（2）设计并制作运输架。

根据构件的重量和外形尺寸进行设计制作，且尽量考虑运输架的通用性。

（3）验算构件强度。

对钢筋混凝土屋架和钢筋混凝土柱子等构件，根据运输方案所确定的条件，验算构件在最不利截面处的抗裂度，避免在运输中出现裂缝。如有出现裂缝的可能，应进行加固处理。

（4）清查构件。

清查构件的型号、质量和数量，有无加盖合格印和出厂合格证书等。

（5）查看运输路线。

在运输前再次对路线进行勘查，对于沿途可能经过的桥梁、桥洞、电缆、车道的承载能力，通行高度、宽度、弯度和坡度，沿途上空有无障碍物等实地考察并记载，制定出最佳顺畅的路线。这需要实地现场的考察，如果凭经验和询问很有可能发生许多意料之外的事情，有时甚至需要交通部门的配合等，因此这点不容忽视。在制定方案时，每处需要注意的地方需要注明，如不能满足车辆顺利通行，应及时采取措施。此外，应注意沿途是否横穿铁道，如有应查清火车通过道口的时间，以免发生交通事故。

2．不同构件的运输方案

（1）立式运输方案。

在低盘平板车上按照专用运输架，墙板对称靠放或者插放在运输架上。对于内、外墙板和 PCF 板等竖向构件多采用立式运输方案如图 1-20。外形复杂墙板宜采用插放架或靠放架直立运输和堆放，插放架和靠放架应安全可靠。采用靠放架直立堆放的墙板宜对称靠放饰面朝外，与竖向的倾斜角不宜大于 10°。连接止水条，高低口，墙体转角等薄弱部位，应采用定型保护垫块或专用式附套件做加强保护。

（2）平层叠放运输方式。

将预制构件平放在运输车上，一件一件往上叠放在一起进行运输。叠合板、阳台板、楼梯、装饰板等水平构件多采用平层叠放运输方式如图 1-21，并正确选择支垫位置。叠合楼板：标准 6 层/叠，不影响质量安全可到 8 层，堆码时按产品的尺寸大小堆叠。预应力板：堆码 8 ~

10 层/叠。叠合梁：2~3 层/叠（最上层的高度不能超过挡边一层），考虑是否有加强筋向梁下端弯曲。

图 1-20 构件立装示意图

图 1-21 构件平装示意图

除此之外，对于一些小型构件和异型构件，多采用散装方式进行运输。

3．控制合理运输半径

合理运距的测算主要是以运输费用占构件销售单价比例为考核参数。通过运输成本和预制构件合理销售价格分析，可以较准确地测算出运输成本占比与运输距离的关系，根据国内平均或者世界上发达国家占比情况反推合理运距。

（1）预制构件合理运输距离分析表（表 1-1）。

表 1-1 预制构件合理运输距离分析表

序号	项　　目	近距离	中距离	较远距离	远距离	超远距离
1	运输距离/km	30	60	90	120	150
2	运费/（元/车）	1 100	1 500	1 900	2 300	2 700
3	平均运量/（m³/车）	9.5	9.5	9.5	9.5	9.5
4	平均运费/（元/m³）	115.8	157.9	200.0	242.1	284.2
5	水平预制构件市场价格/（元/m³）	3 000	3 000	3 000	3 000	3 000
6	水平运费占构件销售价格比例/%	3.86%	5.26%	6.67%	8.07%	9.47%

在预制构件合理运输距离分析表中，运费参考了近几年的实际运费水平。预制构件每立方米综合单价平均 3 000 元计算（水平构件较为便宜，约为 2 400~2 700 元；外墙、阳台板等复杂构件约为 3 000~3 400 元）。以运费占销售额 8% 估计的合理运输距离约为 120 km。

（2）合理运输半径测算。

从预制构件生产企业布局的角度，合理运输距离由于还与运输路线相关，而运输路线往往不是直线，运输距离还不能直观地反映布局情况，故提出了合理运输半径的概念。

从预制构件厂到预制构件使用工地的距离并不是直线距离，况且运输构件的车辆为大型运输车辆，因交通限行超宽超高等原因经常需要绕行，所以实际运输线路更长。

根据预制构件运输经验，实际运输距离平均值比直线距离长 20% 左右，因此将构件合理运输半径确定为合理运输距离的 80% 较为合理。因此，以运费占销售额 8% 估算合理运输半径约为 100 km。合理运输半径为 100 km 意味着，以项目建设地点为中心，以 100 km 为半径的区域内的生产企业，其运输距离基本可以控制在 120 km 以内，从经济性和节能环保的角度，处于合理范围。

总的来说，如今国内的预制构件运输与物流的实际情况还有很多需要提升的地方。目前，虽然有个别企业在积极研发预制构件的运输设备，但总体来看还处于发展初期，标准化程度低，存储和运输方式是较为落后。同时受道路、运输政策及市场环境的影响，运输效率不高，构件专用运输车还比较缺乏且价格较高。

1.2.2　构件进场检验

虽然预制构件在制作的过程中有监理人员驻厂检查，每个构件出厂前也会进行出厂检验，但是构件进入现场时仍必须进行质量检查验收。预制构件到达现场，现场监理员及施工单位质检员应对进入施工现场的构件以及构件配件进行检查验收，包括数量、规格、型号，检查质量证明文件或质量验收记录、外观质量检验等。若预制构件直接从车上吊装，则数量、规格、型号的核实和质量检验在车上进行，检验合格后可以直接吊装。若不直接吊装，而是将构件转入临时堆场，也应当在车上检验，一旦发现不合格，可直接运回工厂处理。

进场检验时应首先对构件的规格、型号和数量进行核实，将清单核实结果和发货单进行对照。如有误，要及时与工厂联系。如随车有构件的安装附件，也必须对照发货清单一并验收。对预制构件进行质量检验，分为主控项目和一般项目两类。

1．主控项目

（1）预制构件结构性能通过检查结构性能检验报告或其他代表结构性能的质量证明文件进行按批检查，检验结果应符合设计和国家标准《混凝土结构工程施工质量验收规范》（GB 50204—2015）的有关规定。

（2）外观质量不应有严重缺陷，且不应有影响结构性能、安装和使用功能的尺寸偏差，应使用观察，尺量或检查处理记录等方法进行全数检查。

（3）预制构件表面预贴饰面砖、石材等饰面与混凝土的黏结性能通过检查拉拔强度检验报告进行逐批检查，检查结果应符合设计和现行有关标准的规定。

2．一般项目

（1）外观质量一般缺陷不应出现，通过观察或检查技术处理方案和处理记录进行全数检查，若存在一般缺陷应要求构件生产单位按技术处理方案进行处理，并重新检查验收，外观质量缺陷见表 1-2。

表 1-2　预制构件外观质量缺陷

名称	现象	严重缺陷	一般缺陷
露筋	构件内钢筋未被混凝土包裹而外露	纵向受力钢筋有露筋	其他钢筋有少量露筋
蜂窝	混凝土表面缺少水泥砂浆而形成石子外露	构件主要受力部位有蜂窝	其他部位有少量蜂窝
孔洞	混凝土中孔穴深度和长度均超过保护层厚度	构件主要受力部位有孔洞	其他部位有少量孔洞
夹渣	混凝土中夹有杂物且深度超过保护层厚度	构件主要受力部位有夹渣	其他部位有少量夹渣
疏松	混凝土中局部不密实	构件主要受力部位有疏松	其他部位有少量疏松
裂缝	缝隙从混凝土表面延伸至混凝土内部	构件主要受力部位有影响结构性能或使用功能的裂缝	其他部位有少量不影响结构性能或使用功能的裂缝
连接部位缺陷	构件连接处混凝土有缺陷及连接钢筋、连接件松动	连接部位有影响结构传力性能的缺陷	连接部位有基本不影响结构传力性能的缺陷
外形缺陷	缺棱掉角、棱角不直、翘曲不平、飞边凸肋等	清水混凝土构件有影响使用功能或装饰效果的外形缺陷	其他混凝土构件有不影响使用功能的外形缺陷
外表缺陷	构件表面麻面、掉皮、起砂、沾污等	具有重要装饰效果的清水混凝土构件有外表缺陷	其他混凝土构件有不影响使用功能的外表缺陷

（2）构件粗糙面的外观质量、键槽的外观质量和数量通过观察和量测进行全数检查，并应符合设计要求。

（3）表面预贴饰面砖、石材等饰面及装饰混凝土饰面的外观质量通过观察、轻击检查或样板比对按批检查，应符合设计要求或有关标准规定。

（4）预埋件，预留插筋、预留孔洞、预埋管线等规格、型号、数量通过观察，尺量或检查产品合格证，按批检查应符合设计要求。

（5）预制板类、墙板类、梁柱类构件外形尺寸偏差按照进场检验批，同一规格（品种）的构件每次抽检数量不应少于该规格（品种）数量的 5% 且不少于 3 件，应分别符合国家标准《装配式混凝土建筑技术标准》（GB/T 51231—2016）的规定，详见表 1-3。

（6）装饰构件的装饰外观尺寸偏差按照进场检验批，同一规格（品种）的构件每次抽检数量不应少于该规格（品种）数量的 10%，且不少于 5 件，检验结果应符合设计要求，当设计无具体要求时，应符合国家标准《装配式混凝土建筑技术标准》（GB/T 51231—2016）的规定。

经检查合格后，应在预制构件上设置可靠标识，如图 1-22 和图 1-23 所示。质量不符合要求的，应及时处理。

表 1-3 预制板成品尺寸允许偏差

项　　目		允许偏差	检验方法
长度	板	±5	钢尺检查
	墙板	±4	
宽度、高（厚）度	板	±5	钢尺量一端及中部，取其中偏差绝对值较大值
	墙板	±3	
表面平整度	板、墙板内表面	5	2 m 靠尺和塞尺检查
	墙板外表面	3	
侧向弯曲	板	$L/750$ 且 $\leqslant 20$	拉线、钢尺量最大侧向弯曲处
	墙板	$L/1\,000$ 且 $\leqslant 20$	
对角线差	板	7	钢尺量两个对角线
	墙板	5	
翘曲	板	$L/750$	调平尺在两端量测
	墙板	$L/1\,000$	
对角线差	板	10	钢尺量两个对角线
	墙板	5	
预留孔	中心线位置	5	尺量检查
	孔尺寸	±5	
预留洞	中心线位置	10	尺量检查
	洞口尺寸	±10	
预埋件	预埋螺栓、预埋套筒中心线位置	2	尺量检查
	预埋螺栓外漏长度	+10，−5	
桁架钢筋高度		+5，0	尺量检查

图 1-22　构件检查验收

图 1-23　构件检查验收后设置可靠标识

1.2.3 材料的准备

装配式建筑施工中所涉及的材料除混凝土、钢筋、钢材等常规材料之外，还需要各类连接材料、密封材料等，这些材料需根据施工进度计划和安装图样编制材料采购、进场计划等，进场时依据设计图样和有关规范进行检验，包括数量、规格、型号、合格证、化验单等，并依据不同材料的性能特点和要求进行保管。一般应单独保管，对于影响结构和功能的各类连接材料、密封材料（如灌浆料，密封胶）等，应在室内库房存放，避免受潮、受阳光直射。对混凝土、钢筋、钢材等常规材料的要求与传统建筑中的要求基本一致，其各项性能应分别符合国家标准《混凝土结构设计规范（2015年版）》（GB 50010—2010）和《钢结构设计规范》（GB 50017—2017）的相应规定，此处不再展开。

1. 连接材料

预制构件的连接技术是装配式结构的核心技术。其中，钢筋套筒灌浆连接接头技术是推荐的主要接头技术，也是形成各种装配整体式混凝土结构的重要基础，如图1-24和图1-25所示。

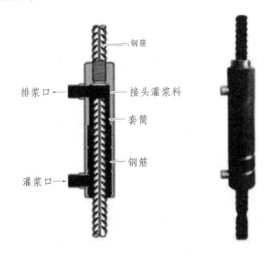

图1-24　钢筋套筒　　　　　　　　　　　　　图1-25　灌浆浆料

行业标准《装配式混凝土结构技术规程》（JGJ 1—2014）对连接材料的规定有：

（1）钢筋套筒灌浆连接接头采用的套筒应符合现行行业标准《钢筋连接用灌浆套筒》（JG/T 398）的规定。

（2）钢筋套筒灌浆连接接头采用的灌浆料应符合现行行业标准装配式混凝土建筑施工《钢筋连接用套筒灌浆料》（JG/T 408）的规定。

（3）钢筋浆锚搭接连接接头应采用水泥基灌浆料，灌浆料的性能应满足表1-4的要求。

（4）钢筋锚固板的材料应符合现行行业标准《钢筋锚固板应用技术规程》（JGJ256）的规定。

（5）受力预埋件的锚板及锚筋材料应符合现行国家标准《混凝土结构设计规范》（GB 50010）的有关规定。专用预埋件及连接件材料应符合国家现行有关标准的规定。

表 1-4　钢筋浆锚搭接连接接头用灌浆材料性能要求

项　目		性能指标	试验方法标准
泌水率		0	《普通混凝土拌合物性能试验方法标准》（GB/T 50080—2016）
流动度/mm	初始值	≥200	《水泥基灌浆材料应用技术规范》（GB/T 50448—2015）
	30 min 保留值	≥150	
竖向膨胀率/%	3 h	≥0.02	
	2 h 与 3 h 的膨胀率之差	0.02～0.05	
抗压强度/MPa	1 d	≥35	
	3 d	≥55	
	28 d	≥80	
氯离子含量/%		≤0.06	《混凝土外加剂匀质性试验方法》（GB/T 8077—2012）

（6）连接用焊接材料，螺栓、锚栓和铆钉等紧固件的材料应符合现行国家标准《钢结构设计规范》（GB 50017）、《钢结构焊接规范》（GB 50661）和行业标准《钢筋焊接及验收规程》（JGJ 18）等的规定。

（7）夹芯外墙板中内外叶墙板的拉结件应符合下列规定：

① 金属及非金属材料拉结件均应具有规定的承载力，变形和耐久性能，并应经过试验验证。

② 拉结件应满足夹芯外墙板的节能设计要求。

2．防水密封材料

由于装配式建筑将住宅建筑分成多个单元或构件，其中的主要构成部分（墙体，梁、柱、楼板及楼梯等）均在工厂生产，然后运到工地，将预制混凝土构件在现场进行装配化施工建造，这样，预制构件之间必然存在接缝，接缝的防水就成为装配式建筑质量控制的关键因素之一。装配式建筑的防水主要包括外墙防水与屋面防水两大部分。屋面防水与传统建筑的屋面防水设计相似，主要的不同点是外墙防水设计，以下介绍外墙防水密封材料预制外墙缝的防水，一般采用构件防水和材料防水相结合的双重防水措施，防水密封胶是外墙板缝防水的第一道防线，其性能直接关系到工程防水效果。

（1）防水密封材料的分类。防水密封材料根据不同的分类方式可以分为不同的种类。

① 根据产品成形方式的不同，密封胶可分为单组分和双组分两种。单组分胶是通过与空气中的水分发生反应进行固化的，固化过程内表面逐渐向深层进行，深层固化速度相对较慢，因此在施工过程中预制外墙板的位移较大，不宜选用单组分密封胶。

双组分胶有 A，B 两个组分，使用时需要将两个组分混合，在一定时间内将胶注入接缝部位。双组分胶需要使用混合机械设备，但其在固化过程中不需要与空气中的水分发生反应，深层固化速度快。

② 根据建筑密封胶基础聚合物化学成分的不同，密封胶可以分为聚硫胶、硅酮胶、聚氨酯胶、改性硅酮胶等。

A. 聚硫胶。聚硫胶是由二卤代烷与碱金属或碱土金属的多硫化物聚缩而得的合成橡胶。其有优异的耐油和耐溶剂性，但强度不高，耐老化性能不佳，目前，在中空玻璃合成过程中使用较多，在建筑用胶中有逐渐退出市场的趋势。

B. 硅酮胶。硅酮胶是以聚二甲基硅氧烷为主要原料，以端羟基硅氧烷聚合物和多官能硅氧烷交联剂为基础，添加填料、增塑剂、偶联剂、催化剂混合而成的膏状物，在室温下通过与空气中的水发生反应固化形成有弹性和黏结力的硅橡胶。虽然其在目前的建筑市场占有较大的市场份额，但也有一些缺陷，如增塑剂存在污染性，耐水性能相对较弱等。

C. 聚氨酯胶。聚氨酯胶以聚氨酯橡胶及聚氨酯预聚体为主要成分，该类密封胶具有较高的拉伸强度，优良的弹性，耐磨性、耐油性和耐寒性；耐候性好，使用寿命可达 10 年。但是耐碱水性欠佳，不能长期耐热，浅色配方容易受紫外光老化。单组分胶储存稳定性受外界影响较大，高温热环境下可能产生气泡和裂纹，许多场合需要底涂。

D. 改性硅酮胶。改性硅酮胶，也称硅烷改性聚醚密封胶或硅烷改性聚氨酯胶，它是一种以端硅烷基聚醚（以聚醚为主链，两端用硅氧烷封端）为基础聚合物制备生产出来的密封胶。该类产品具有与混凝土板、石材等黏结效果良好，低污染性，使用寿命可在 10 年等特点。硅烷改性聚氨酯胶，其以氨基硅烷偶联剂为基础，对以异氰酸酯基为端基的聚氨酯预聚体进行再封端，合成了一系列不同硅烷封端率的单细分湿固化聚氨酯，能实现聚氨酯相硅酮材料优点的良好结合。

几种主流产品性能对比如表 1-5 所示。

表 1-5　几种主流产品性能对比

名　称	简称	黏结性	弹性	耐候性	涂饰性
硅酮胶	SR	好	好	很好	差
聚氨酯胶	PS	好	好	普通	好
改性硅酮胶	MS	很好	好	好	好
硅烷改性聚氨酯胶	SPU	很好	好	很好	好

（2）密封材料性能构造要求。装配式建筑外墙密封胶应具有的性能构造要求有：

① 力学性能。由于混凝土板的接缝会因为温湿度变化，混凝土板收缩，建筑物的轻微震动或沉降等原因产生伸缩变形及位移运动，因而所用的密封胶必须具备一定的弹性，能随着接缝的张合变形而自由伸缩以保持接缝密封；同时，为防止密封胶开裂以保证接缝具有安全可靠的黏结密封，密封胶的位移能力必须大于板缝的相对位移，经反复循环变形后还能保持并恢复原有性能和形状。

② 黏结性。市场上所用的外墙板大多数为混凝土板，因此需要接缝用密封材料对混凝土基材有很好的黏结性能。

③ 耐久性。耐久性主要是指密封胶耐老化性能，包括温湿度变化，紫外光照射和外界作用力等因素对密封胶寿命周期的影响。目前，还没有关于预制装配式建筑混凝土板接缝用

密封胶耐久性的评价指标和测试方法标准，对此类密封胶耐久性能的评估主要通过紫外老化和热老化试验。

④ 低污染性。硅酮类密封胶中含有的硅油，易游离到由于静电原因而黏附在胶体表面的灰尘上，并且灰尘会随着降雨刮风扩散到黏结表面的四周。由于混凝土是多孔材料，极易受污染，会导致混凝土板缝的周边出现黑色带状的污染，并且污染物颜色会随着年限的增加更加明显，密封胶的污染性将严重影响到后期建筑外表面的美观。因此，用于预制装配式建筑混凝土板的接缝用密封胶必须具有低污染性。

⑤ 阻燃性。为防止和减少建筑火灾危害，对建筑材料的防火阻燃性能要求不断提高，接缝密封胶作为主要的密封材料也应具备一定的阻燃性能，使其在燃烧时少烟无毒，燃烧热值低，减慢火焰传播速度。

⑥ 低温适应性。在低温地区，密封材料还应该具备温度适应性及低温下的柔性。

1.3 装配式混凝土结构构件存放方案

预制混凝土构件如果在存储环节发生损坏、变形将会很难补修，既耽误工期又造成经济损失。因此，大型预制混凝土构件的存储方式非常重要。物料储存要分门别类，按"先进先出"原则堆放物料，原材料需填写"物料卡"标识，并有相应台账、卡账以供查询。对因有批次规定特殊原因而不能混放的同一物料应分开摆放。物料储存要尽量做到"上小下大，上轻下重，不超安全高度"。物料不得直接置于地上，必要时加垫板、工字钢、木方或置于容器内，予以保护存放。物料要放置在指定区域，以免影响物料的收发管理。不良品与良品必须分仓或分区储存、管理，并做好相应标识。储存场地须适当保持通风、通气，以保证物料品质不发生变异。

1.3.1 构件的存储方案

构件的存储方案主要包括确定预制构件的存储方式、设定制作存储货架、计算构件的存储场地和相应辅助物料需求。

（1）确定预制构件的存储方式。

根据预制构件的外形尺寸（叠合板、墙板、楼梯、梁、柱、飘窗、阳台等）可以把预制构件的存储方式分成叠合板、墙板专用存放架存放、楼梯、梁、柱、飘窗、阳台叠放几种储放。

（2）设定制作存储货架。

根据预制构件的重量和外形尺寸进行设计制作，且尽量考虑运输架的通用性。

（3）计算构件的存储场地。

根据项目包含构件的大小、方量、存储方式、调板、装车便捷及场地的扩容性情况，划定构件存储场地和计算出存储场地面积需求。

（4）计算相应辅助物料需求。

根据构件的大小、方量、存储方式计算出相应辅助物料需求（存放架、木方、槽钢等）数量。

1.3.2 构件一般储放工装、治具介绍（表1-6）

表1-6 构件一般储放工装、治具介绍

序号	工装/治具	工作内容
1	龙门吊	构件起吊、装卸、调板
2	外雇汽车吊	构件起吊、装卸，调板
3	叉车	构件装卸
4	吊具	叠合楼板构件起吊、装卸，调板
5	钢丝绳	构件（除叠合板）起吊、装卸，调板
6	存放架	墙板专用存储
7	转运车	构件从车间向堆场转运
8	专用运输架	墙板转运专用
9	木方（100 mm×100 mm×250 mm）	构件存储支撑
10	工字钢（110 mm×110 mm×3 000 mm）	叠合板存储支撑

1.3.3 预制构件主要储放方式介绍

PC构件到场后直接在车上用塔吊吊装到构件安装部位直接安装（不下车）。避免出现材料供应不及时现象，现场设置构件堆放场地，应按规格、品种、楼幢号分别设置堆场，现场堆场应设置在塔吊工作范围内并平整、结实。

构件直接堆放必须在构件下枕木，场地上的构件应作防倾覆措施。

1. 叠合楼板的放置

叠合板存储应放在指定的存放区域，存放区域地面应保证水平。叠合板需分型号码放、水平放置。第一层叠合楼板应放置在 H 型钢（型钢长度根据通用性 般为 3 000 mm）上，保证桁架与型钢垂直，型钢距构件边 500 ~ 800 mm。层间用 4 块 100 mm × 100 mm × 250 mm的木方隔开，四角的 4 个木方位平行于型钢放置（如图1-26），存放层数不超过 8 层，高度不超过 1.5 m。

2. 墙板立方专用存放架存储

墙板采用立方专用存放架存储，墙板宽度小于 4 m 时墙板下部垫 2 块 100 mm × 100 mm × 250 mm 木方，两端距墙边 30 mm 处各一块木方。墙板宽度大于 4 m 或带门口洞时墙板下部

垫 3 块 100 mm × 100 mm × 250 mm 木方，两端距墙边 300 mm 处各一块木方，墙体重心位置处一块。如图 1-27。

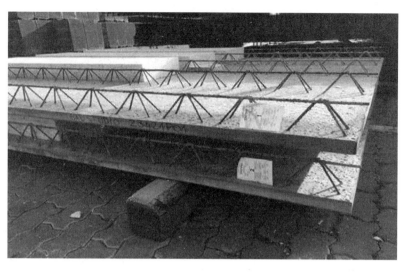

图 1-26　叠合板放置图

墙板长度大于4 m　　　　　墙板长度小于4 m

300　　重心位置　　300　250　　300　　　　　300　250

图 1-27　墙板放置图

3．楼梯的储存

楼梯的储存应放在指定的储存区域，存放区域地面应保证水平，楼梯应分型号码放。折跑梯左右两端第二个、第三个踏步位置应垫 4 块 100 mm × 100 mm × 500 mm 木方，距离前后两侧为 250 mm，保证各层间木方水平投影重合，存放层数不超过 6 层。如图 1-28。

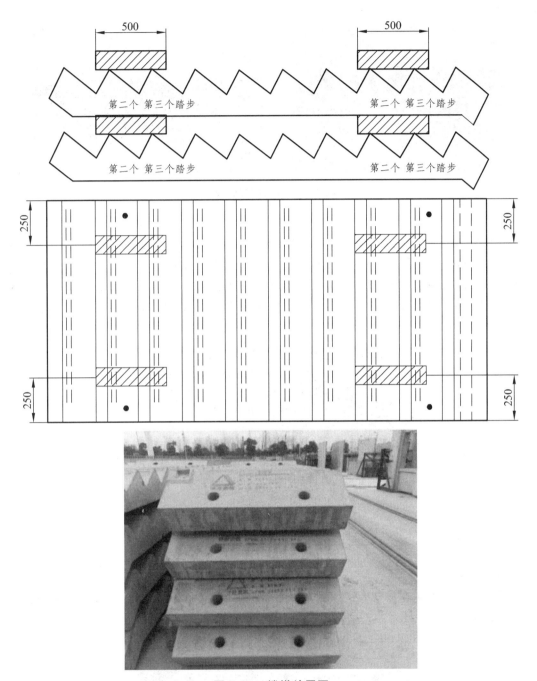

图 1-28　楼梯放置图

4．梁的储存

梁存储应放在指定的存放区域，存放区域地面应保证水平，需分型号码放、水平放置。第一层梁应放置在 H 型钢（型钢长度根据通用性一般为 3 000 mm）上，保证长度方向与型钢垂直，型钢距构件边 500～800 mm，长度过长时应在中间间距 4 m 放置一个 H 型钢，根据构件长度和重量最高叠放 2 层。层间用块 100mm×100 mm×500 mm 的木方隔开，保证各层间木方水平投影重合于 H 型钢。如图 1-29。

图 1-29　叠合梁放置图

5．柱的储存

柱存储应放在指定的存放区域，存放区域地面应保证水平。柱需分型号码放、水平放置。第一层柱应放置在 H 型钢（型钢长度根据通用性一般为 3 000 mm）上，保证长度方向与型钢垂直，型钢距构件边 500～800 mm，长度过长时应在中间间距 4 m 放置一个 H 型钢，根据构件长度和重量最高叠放 3 层。层间用块 100 mm×100 mm×500 mm 的木方隔开，保证各层间木方水平投影重合于 H 型钢。如图 1-30。

图 1-30　柱的储存图

6．飘窗的储存

飘窗采用立方专用存放架存储，飘窗下部垫 3 块 100 mm×100 mm×250 mm 木方，两端距墙边 300 mm 处各一块木方，墙体重心位置处一块（如图 1-31）。

图 1-31　飘窗板的存放图

7．异形构件的储存

对于一些异形构件的储存我们要根据其重量和外形尺寸的实际情况合理划分储存区域及储存形式，避免损伤和变形造成构件质量缺陷。如图 1-32。

图 1-32　异形构件的存放图

1.3.4　预制构件的存储管理

1．成品预制构件出入库流程

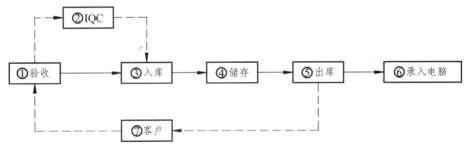

图 1-33　成品预制构件出入库流程图

2．成品仓库区域规划

表 1-7　成品仓库区域规划

序号	规划区域	区域说明
1	装车区域	构件备货、物流装车区域
2	不合格区域	不合格构件暂存区域
3	库存区域	合格产成品入库储存重点区域，区内根据项目或产成品种类进行规划
4	工装夹具放置区	构件转运，装车需要的相关工装放置区

3．成品预制构件仓库的存储要求

（1）根据库存区域规划绘制仓库平面图，表明各类产品存放位置，并贴于明显处。

（2）依照产品特征、数量、分库、分区、分类存放，按"定置管理"的要求做到定区、定位、定标识。

（3）库存成品标识包括产品名称、编号、型号、规格、现库存量，由仓管员用"存货标识卡"做出。

（4）库存摆放应做到检点方便、成行成列、堆码整齐，货架与货架之间有适当间隔，码放高度不得超过规定层数，以防损坏产品。

（5）应建立健全岗位责任制，坚持做到人各有责，物各有主，事事有人管；库存物资如有损失，贬值、报废、盘盈、盘亏等。

（6）库存成品数量要做到账、物一致，出入库构件数量及时录入电脑。

4．成品仓库区域"5S"管理

（1）整理：工作现场，区别要与不要的东西，只保留有用的东西，撤除不需要的东西。

（2）整顿：把要用的东西，按规定位置摆放整齐，并做好标识进行管理。

（3）清扫：将不需要的东西清除掉，保持工作现场无垃圾，无污秽状态。

（4）清洁：维持以上整理、整顿、清扫后的局面，使工作人员觉得整洁、卫生。

（5）素养：通过进行上述"4S"的活动，让每个员工都自觉遵守各项规章制度，养成良好的工作习惯。

1.4 施工平面布置

装配式建筑施工平面的布置应遵循一般的布置原则，如要紧凑合理，尽量减少施工用地；尽量利用原有建筑物或构筑物，降低施工设施建造费用；合理地组织运输，保证现场运输道路畅通，尽量减少场内运输费；临时设施的布置，应便于工人生产和生活，办公用房靠近施工现场；应符合安全、消防、整齐、美观、环保的要求；施工材料堆放应尽量设在垂直运输机械覆盖的范围内，以减少二次搬运，等等。同时，由于装配式混凝土结构施工中吊运工作量大，又有别于现浇混凝土结构施工，其施工平面布置应重点考虑预制构件场内运输道路及场内构件存放场地，存放量等实际要求；在选定吊装机械的前提下，还要正确处理好预制构件安装与预制构件运输、堆放的关系，充分发挥吊装机械的作用。

1.4.1 起重机械布置

起重机械的布置直接影响构件堆场、材料仓库、加工厂，搅拌厂的位置，以及道路、临时设施及水、电等管线的布置，因此是施工现场全局的中心环节，应首先确定。由于各种起重机械的性能不同，其布置也不尽相同。

目前，装配式框架结构安装常用的起重机械有三类：自行式起重机、轨道式塔式起重机和自升式塔式起重机。

（1）5 层以下的民用建筑和高度在 18 m 以下的多层工业厂房及外形不规则的房屋，多采用自行式起重机。

（2）10 层以下或高度在 25 m 以下，宽度在 15 m 以内，构件重量在 2 ~ 3 t 以内，一般可采用 QT1-6 型塔式起重机或具有相同性能的其他轻型塔式起重机。

10 层以上的高层装配式结构，一般采用自升式塔式起重机。

1．塔式起重机的布置

塔式起重机的位置要根据现场建筑四周的施工场地，施工条件和吊装工艺确定 一般布置在建筑长边中点附近，可以用较小的臂长覆盖整个建筑和堆场［图 1-34（a）］；若为群塔布置，则对向布置可以在较小臂长，较大起重能力的情况下覆盖整个建筑［图 1-34（b）］；也可以将塔式起重机布置在建筑核心位置处［图 1-34（c）］。原则上塔式起重机应置于距最重构件和吊装难度最大的构件最近处，例如，PC 外挂板属于各类构件中重量最大的预制构件，而重量最大的 PC 外挂板通常位于楼梯间位置，故塔式起重机宜布置在楼梯间一侧。在确定塔式起重机的位置后，还应绘制出塔式起重机的服务范围。在服务范围内，起重机应能将预制构件和材料运至任何施工地点，避免出现吊装死角。服务范围内还应有较宽敞的施工用地，主要临时道路也宜安排在塔式起重机的服务范围内，尤其是当现场不设置构件堆场时，构件运输至现场后须立即进行吊装。

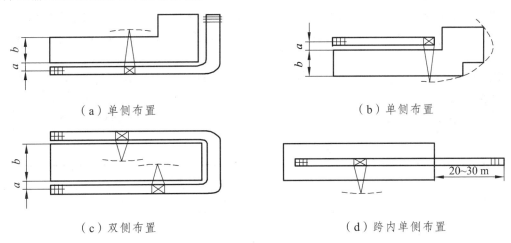

（a）单侧布置　　　　　　　　　　　　（b）单侧布置

（c）双侧布置　　　　　　　　　　　　（d）跨内单侧布置

图 1-34　塔式起重机中心布置

若为轨道式塔式起重机，其轨道应沿建筑物的长向布置。通常可以采取单侧布置或双侧（环形）布置：当建筑物宽度较小，构件自重不大时，可采用单侧布置方式；当建筑物宽度较大，构件自重较大时，应采用双侧（或环形）布置。对于轨道内侧到建筑物外墙皮的距离，当塔式起重机布置在无阳台等外伸部件一侧时，取决于支设安全网的宽度，一般为 1.5 m 左右；当塔式起重机布置在阳台等外伸部件一侧时，要根据外伸部件的宽度决定，如遇地下室窗井时还应适当加大。布置时，须对塔式起重机行走轨道的场地进行碾压、铺轨，然后安装塔式起重机，并在其周围设置排水沟。

装配式建筑施工塔式起重机除负责所有预制构件的吊运安装外，还要进行建筑材料、施工机具的吊运，预制构件的吊运占用时间较长。因此，塔式起重机的任务繁重，常需进行群塔布置。群塔布置除考虑起吊能力和服务范围外，还应对其作业方案进行提前设计。在布置时应结合建筑主体施工进度安排，进行高低塔搭配，确定合理的塔式起重机升节、附墙时间节点。相邻塔式起重机之间的最小架设距离应保证低位塔式起重机的起重臂端部与另一台塔式起重机的塔身之间至少有 2 m 的距离，高位塔式起重机的最低位置的部件与低位塔式起重机中最高位置部件之间的垂直距离不应小于 2 m，如图 1-35 所示。

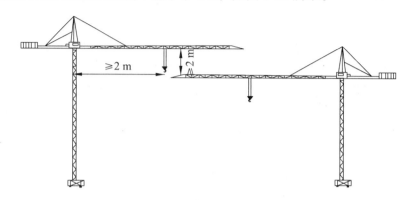

图 1-35　群塔安全距离示意图

塔式起重机应与建筑物保持一定的安全距离。定位时，需结合建筑物总体综合考虑，应考虑距离塔式起重机最近的建筑物各层是否有外伸挑板、露台、雨篷、阳台或其他建筑造型等 防止其碰撞塔身。如建筑物外围设有外脚手架，则还须考虑外脚手架的设置与塔身的关系。国家标准《塔式起重机安全规程》（GB 5144—2006）规定塔吊的尾部与周围建筑物及其外围施工设施之间的安全距离不小于 0.6 m，施工场地范围有架空输电线时，塔式起重机与架空线路边线必须满足

最小的安全距离，如表 1-8 所示。实在无法避免时 可考虑搭设防护架。

表 1-8　最小安全距离要求表

安全距离/m	电压/kV				
	< 1	1 ~ 15	20 ~ 40	60 ~ 110	220
沿垂直方向	1.5	3.0	4.0	5.0	6.0
沿水平方向	1.5	2.0	3.5	4.0	6.0

塔式起重机的布置应考虑工程结束后易于拆除，应保证降塔时塔式起重机起重臂、平衡臂与建筑物无碰撞 有足够的安全距离。如果采用其他塔式起重机辅助拆除，则应考虑该辅助塔式起重机的起吊能力及范围。如果采用汽车式起重机等辅助吊装设备，应提前考虑拆除时汽车式起重机等设备的所在位置，是否有可行的行车路线与吊装施工场地。塔式起重机的定位还需考虑塔式起重机基础与地下室的关系，如在地下室范围内，应尽量避免其与地下室结构梁、板等发生碰撞，如确实无法避免与结构梁、板等冲突时，应在与塔身发生冲突处的梁、板留设施工缝，待塔式起重机拆除后再施工。施工缝的留设位置应满足设计要求。如在地下室结构范围外，应主要考虑附墙距离，塔式起重机基础稳定，基坑边坡稳定等问题，如图 1-36 所示。

图 1-36 塔式起重机基础与地下室之间的关系

选择可以设置塔式起重机附墙的位置布置塔机。从多栋建筑的高度和单体建筑的体型来考虑，塔机定位时应就高不就低，布置于取高的建筑或部位，塔机的自由高度应能满足屋面的施工要求，拟附墙的楼层应有满足附墙要求的支撑点，且塔身与支承点的距离满足要求。装配式建筑外挂板、内墙板属于非承重构件，所以不得用作塔式起重机附墙连接。分户墙、外围护墙与主体同步施工，导致附着杆的设置受到影响，宜将塔式起重机定位在窗洞或阳台洞口位置，以便于将附着杆伸入洞口设置在主体结构上，如图 1-37 所示。如有必要也可在外挂板及其他预制构件上预留洞口或设置预埋件，此时必须在开工前即下好构件工艺变更单，使工厂提前做好预留预埋，不得采用事后凿洞或锚固的方式。

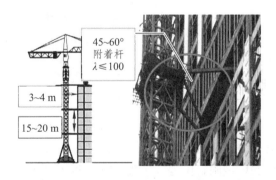

λ—杆件长细比

图 1-37 塔式起重机附着杆的设置

此外，塔式起重机的布置应尽可能减少塔式起重机司机的视线盲区，在沿海风力较大的地区，宜根据当地的风向将塔式起重机布置在建筑物的背风面，尽量减少与其他建筑场地的干涉，尽量避免塔式起重机临街布置，防止吊物坠落伤及行人。

2．自行式起重机的布置

若装配式建筑的构件数量少，吊装高度低，或者所布置的塔式起重机有作业盲区，可以选用汽车式或履带式等自行式起重机，或将两者配合使用。

自行式起重机行驶路线一般沿建筑物纵向一侧或两侧布置，也可以沿建筑物四周行驶布置。吊装时的开行路线及停机位置主要取决于建筑物的平面布置、构件自重、吊装高度和吊装方法，起重机机身最突出部位到外墙皮的距离，不小于起重机回转中心到建筑物外墙皮距离的一半，臂杆距屋顶挑檐的最小安全距离一般为 0.6～0.8 m。此外，现场还应满足自行式起重机的运转行走和固定等基本要求。

1.4.2 运输道路布置

预制构件的运输对构件的堆放、起吊等后续作业有较大的影响。因此运输道路的布置是现场布置的重点内容，应对道路的线路规划、宽度、转弯半径、坡度、承载能力等进行重点关注。

现场道路必须满足构件、材料的运输和消防要求，宜围绕单位工程设置环形道路，以保证构件运输车辆的通行顺畅，有条件的施工现场可分设进、出两个门，以充分发挥道路运输能力，压缩运输时间，便于进行车上起吊安装，加快施工进度，缩减临时堆放需求，现场道路应满足大型构件运输车辆对道路宽度、转弯半径和荷载的要求，在转弯处需适当加大路面宽度和转弯半径，道路宽度一般不小于 4 m，转弯半径弧度应大于工地最长车辆拐弯的要求。另外也要考虑现场车辆进出大门的宽度以及高度，常用运输车辆宽 4 m，长 16～20 m。

现场道路的面层须硬化，路面要平整、坚实，可以采用现浇混凝土，也可以预制钢筋混凝土大板或敷设钢板，便于回收利用。

除对现场道路进行规划设计之外，必须对部品运输路线中桥涵限高、限行，进行实地勘察，以满足要求，如有超限部品的运输应当提前办理特种车辆运输手续。

1.4.3 预制构件和材料放区布置

装配式建筑的安装施工计划应尽可能考点将构件直接从车上吊装，减少构件的现场临时布放，从而可以缩小甚至不设置存放场地，大大减少起重机的工作量，提高施工效率。但是，由于施工车辆在某些时段和区域限行限停，工地通常不得不准备构件临时堆放场地。

预制构件堆放区的空间大小应根据构件的类型和数量、施工现场空间大小、施工进度安排、构件工厂生产能力等综合确定，在场地空间有限的情况下，可以合理组织构件生产、运输、存放和吊装的各个环节，使之紧密衔接，尽可能压缩构件的存放时间和存放量以节约堆放空间。场地空间还应考虑构件之间的人行通道，以方便现场人员作业，通常道路宽度不宜小于 600 mm。

预制构件堆放区的空间位置要根据吊装机械的位置或行驶路线来确定，应使其位于吊装机械有效作业范围内，以缩小运距、避免二次搬运，从而减少吊装机械空驶或负荷行驶，但同时不得在高处作业区下方，特别注意避免坠落物砸坏构件或造成污染。距建筑物周围 3 m 范围内为安全禁区，不准堆放任何构件和材料。各类型构件的布置需满足吊装工艺的要求，尽可能将各类型构件在靠近使用地点布置，并首先考虑重型构件。构件存放区域要设置隔离围挡或车挡，避免构件被工地车辆碰撞损坏。

场地设置要根据构件类型和尺寸划分区域分别存放，要充分利用建筑物两端空地及吊装机械工作半径范围内的其他空地，也可以将构件根据施工进度安排存放到地下室顶板或已经完工的楼层上，但必须征得设计的同意，楼盖承载力满足堆放要求。楼板、屋面板、楼梯、休息平台板、通风道等预制构件，一般沿建筑物堆放在墙板的外侧。结构安装阶段需要吊装到楼层的零星构配件、混凝土、砂浆、砖、门窗、管材等材料的堆放，应视现场具体情况而定。这些构件和材料应确定数量，组织吊次，按照楼层布置的要求，随每层结构安装逐层吊运到楼层指定地点构件堆放场的地面应平整、坚实，尽可能采用硬化面层，否则场地应当夯实，表面铺砂石。场地应有良好的排水措施。卸放和吊装工作范围内不应有障碍物，并应有满足预制构件周转使用的场地。

1.5 装配式混凝土结构构件机械、机具准备

1.5.1 起重机械配置

与现浇相比，装配式建筑施工时中心环节是吊装作业，且起重量大幅度增加。根据具体工程构件重量不同，一般在 5~14 t。剪力墙工程的起重量比框架或筒体工程的起重量要小一些。

1. 起重机械的类型

装配式建筑施工常用的吊装机械有自行式起重机和塔式起重机。自行式起重机有履带式起重机，轮胎式起重机和汽车式起重机。塔式起重机有轨道式塔式起重机，爬升式塔式起重机和附着式塔式起重机。

（1）履带式起重机。

履带式起重机由回转台和履带行走机构两部分组成，如图 1-38（a）所示。履带式起重机操作灵活，使用方便，本身能回转 360°。在平坦坚实的地面上能负荷行驶，吊物时可退可避。此类起重机对施工场地要求不严，可在不平整泥泞的场地或略加处理的松软场地（如垫道木、铺垫块石、厚钢板等）行驶和工作。履带式起重机的缺点是自重大，行驶速度慢，转向不方便，易损坏路面，转移时需用平板拖车装运。履带式起重机适于各种场合吊装大，中型构件，是装配式结构工程中广泛使用的起重机械，尤其适合于地面松软，行驶条件差的场合。

（2）轮胎式起重机。

轮胎式起重机构造与履带式起重机基本相同，只是行走接触地面的部分改用多轮胎而不是履带，外形如图 1-38（b）所示。轮胎式起重机机动性高，行进速度快，操作和转移方便，有较好的稳定性，起重臂多为伸缩式，长度可调，对路面无破坏性，在平坦地面上可不用支腿进行起重量吊装及吊物低速行驶。其缺点是吊重时一般需放下支腿，不能行走，工作面受到一定的限制，对构件布置、排放要求严格；施工场地需平整、碾压坚实，在泥泞场地行走

困难。轮胎式起重机适用于装卸一般吊装工程中较高、较重的构件，尤其适合于路面平整坚实或不允许损坏的场合。

（3）汽车式起重机。

汽车式起重机把起重机构装在汽车底盘上，起重臂杆采用高强度钢板做成箱形结构，吊臂可根据需要自动逐节伸缩，外形如图1-39（c）所示。汽车式起重机行走速度快，转向方便，对路面没有损坏，符合公路车辆的技术要求，可在各类公路上通行。其缺点是在工作状态下必须放下支腿，不能负荷行驶，工作面受到限制；对构件放置有严格要求；施工场地须平整、碾压坚实；不适合在松软或泥泞的场地上工作。汽车式起重机适用于临时分散的工地以及物料装卸、零星吊装和需要快速进场的吊装作业。

（4）轨道式塔式起重机。

轨道式塔式起重机是一种能在轨道上行驶的起重机，又称自行式塔式起重机，外形如图1-39（d）所示。这种起重机的优点是可负荷行驶，使用安全、生产效率高，起重高度可按需要增减塔身、互换节架。但其缺点是需铺设轨道、占用施工场地过大，塔架高度和起重量较固定式的小。

（5）爬升式塔式起重机。

爬升式塔式起重机是安装在建筑物内部电梯井、框架梁或其他合适开间的结构上，随建筑物的升高向上爬升的起重机械，如图1-39（e）所示。通常每吊装1~2层楼的构件后，向上爬升一次。这类起重机主要用于高层（10层以上）结构安装。其优点是机身体积小，重量轻，安装简单，不占施工场地，适于现场狭窄的高层建筑结构安装。但缺点是全部荷载由建筑物承受，需要做结构验算，必要时需做加固，施工结束后拆卸复杂，一般需设辅助起重机进行拆卸。

（6）附着式塔式起重机。

附着式塔式起重机是固定在建筑物近旁混凝土基础上的起重机械，它可借助顶升系统随着建筑施工进度而自行向上接高。为了减小塔身的自由高度，规定每隔14~20 m将塔身与建筑物用锚固装置联结起来，如图1-39（f）所示。其优点是起重高度高，地面所占的空间较小，可自行升高，安装很方便，适宜用于高层建筑施工。缺点是需要增设附墙支撑，对建筑结构有一定的水平力作用，拆卸时所需场地大。

（a）履带式起重机　　　　　　　　　　　（b）轮胎式起重机

（c）汽车式起重机　　　　　　　　　　　　（d）轨道式塔式起重机

（e）爬升式塔式起重机　　　　　　　　　　（f）附着式塔式起重机

图 1-39　起重机械的类型

2．配置要求

起重机械的选择应根据建筑物结构形式，构件最大安装高度和重量，作业半径及吊装工程量等条件来进行。选型之前要先对构建物各部分的构件重量进行计算，校验其重量是否与起重机的起吊重量相匹配，并适当留有余量；再综合起重机实际的起重力矩，建筑物高度等方面的因素进行确定。所采用的起重设备及其施工操作，均应符合国家现行标准及产品应用技术手册的规定。吊装开始前，应复核吊装机县是否满足吊装重量、吊装力矩，构件尺寸及作业半径等施工要求，并调试合格。

吊装机械的选型应根据其工作半径、起重量、起重力矩和起重高度来确定，并满足以下要求：

（1）工作半径。工作半径是指吊装机械回转中心线至吊钩中心线的水平距离，包括最大幅度与最小幅度两个参数，应重点考察最大幅度条件下是否能满足施工需要。

（2）起重量。起重量是指起重机在各种工况下安全作业所容许的最大起吊重量，包括 PC

构件、吊具、索具等的重量。对于 PC 构件起吊及落位整个过程是否超荷，须进行塔吊起重能力验算。

（3）起重力矩。起重力矩是指起重机的幅度与在此幅度下相应的起重量的乘积，能比较全面和确切地反映塔式起重机的工作能力，塔式起重机起重力矩一般控制在其额定起重力矩的 75% 之下，才能保证作业安全并延长其使用寿命。

（4）起重高度。起重高度是指从地面至吊钩中心的垂直距离，一般应根据建筑物的总高度、预制构件的最大高度、安全生产高度、索具高度、脚手架构造尺寸及施工方法等综合确定，如图 1-40 所示。当为群塔施工时，还需考虑群塔间的安全垂直距离。

$$H = h_1 + h_2 + h_3 + h_4$$

式中　h_1——吊装机械停放平面到建筑物顶部距离；

　　　h_2——建筑物顶部与起吊构件下部的安全生产距离；

　　　h_3——预制构件的最大高度；

　　　h_4——索具高度。

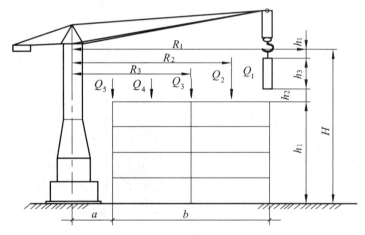

图 1-40　吊装机械起吊高度示意图

1.5.2　索具、吊具和机具的配置

按行业习惯，我们把系结物品的挠性工具称为索具或吊索，把用于起重吊运作业的刚性取物装置称为吊具，把在工程中使用的由电动机或人力通过传动装置驱动带有钢丝绳的卷筒或环链来实现载荷移动的机械设备称为机具。索具与吊具的选用应与所吊构件的种类，工程条件及具体要求相适应。吊装方案设计时应对索具和吊具进行验算，索具不得超过其最大安全工作载荷，吊具不得超过其额定起重量。作业前应对其进行检查，当确认各功能正常、完好时，再投入使用。

1．索　具

索具指为了实现物体挪移，系结在起重机械与被起重物体之间的受力工具，以及用于稳固空间结构的受力构件。索具主要有金属索具和纤维索具两大类。金属索具主要有钢丝绳吊索类、链条吊索类（图1-41）等。纤维索具主要有以天然纤维或锦纶、丙纶、涤纶、高强高模聚乙烯纤维等合成纤维为材料生产的绳类和带类索具。吊索的形式如图1-42所示，主要由钢丝绳、链条、合成纤维带制作。它们的使用形式随着物品形状种类的不同而有不同的悬挂角度和吊挂方式，同时使得索具的许用载荷发生变化。钢丝绳吊索、吊链、人造纤维吊索（带）的极限工作载荷是以单肢垂直悬挂确定的。最大安全工作荷载等于吊挂方式系数乘以标记在吊索单独分肢上的极限工作荷载。工作中，只要实际荷载小于最大安全工作荷载，即满足索具的安全使用条件。吊索在PC工程中的使用如图1-43所示。

（a）钢丝绳   （b）链条

图1-41　吊索材料

图1-42　吊索的形式

图1-43　吊索在工程中的使用

（1）钢丝绳。

钢丝绳是吊装工作中的常用绳索，它具有强度高，韧性好，耐磨性好等优点。同时，磨损后外表产生毛刺，容易发现，便于预防事故的发生。

在结构吊装中常用的钢丝绳由6股钢丝和1股绳芯（一般为麻芯）捻成，每股又由多根直径为0.4～40 mm的高强钢丝和股芯捻成。其捻制方法右交互捻、左交互捻、右同向捻和左同向捻4种（如图1-44）。结构吊装中常用交互捻绳，因为这一类钢丝绳强度高、吊重时不易扭结和旋转。

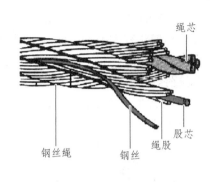

（a）钢丝绳的构造

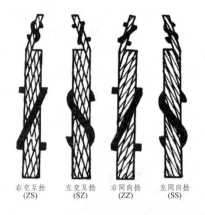

右交互捻　　左交互捻　　右同向捻　　左同向捻
（ZS）　　　（SZ）　　　（ZZ）　　　（SS）

（b）钢丝绳的捻制方法

图 1-44　钢丝绳的构造及捻制方法

每一个索具在每一次使用前必须要检查，已损坏的索具不得使用。钢丝绳如有下列情况之一者，应予以报废：钢丝绳磨损或锈蚀达直径的 40% 以上，钢丝绳整股破断，使用时断丝数目增加得很快。钢丝绳每一节距长度范围内，断丝根数不允许超过规定的数值，一个节距是指某一股钢丝搓绕绳一周的长度，约为钢丝绳直径的 8 倍。钢丝绳的节距及直径的正确量法分别如图 1-45 所示。

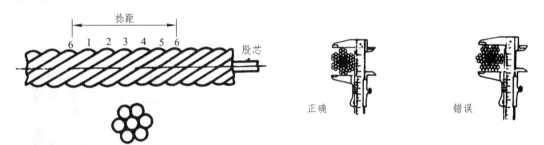

（a）钢丝绳节距的量法　　　　　　　（b）钢丝绳直径的量法

图 1-45　钢丝绳节距和直径量取方法

（2）吊链。

吊链是由短环链组合成的挠性件。短环链由钢材焊接而成。由于材质不同吊链分为 M（4），S（6）和 T（8）级 3 个强度等级。其最大特点是承载能力大，可以耐高温，因此多用于冶金行业。其不足是对冲击载荷敏感，发生断裂时无明显的先兆。吊链使用前，应进行全面检查，准备提升时，链条应伸直，不得扭曲、打结或弯折。

当发生以下情形时应予报废：链环发生塑性变形，伸长达原长度的 5%；链环之间以及链环与端部配件连接接触部位磨损减小到原公称直径的 80%；其他部位磨损减少到原公称直径的 90%；出现裂纹或高拉应力区的深凹痕、锐利横向凹痕；链环修复后，未能平滑过渡或直径减少量大于原公称直径的 10%；扭曲，严重锈蚀以后积垢不能加以排除；端部配件的危险断面磨损减少量达原尺寸的 10%；有开口度的端部配件，开口度比原尺寸增加 10%。

（3）白棕绳及合成纤维绳。

白棕绳以剑麻为原料，具有滤水、耐磨和富有弹性的特点，可承受一定的冲击载荷。以聚酰胺、聚酯聚丙烯为原料制成的绳和带，因具有比白棕绳更高的强度和吸收冲击能量的特性，已广泛地使用于起重作业中。纤维绳索使用前必须逐段仔细检查，避免带隐患作业，不允许和有腐蚀性的化学物品（如碱、酸等）接触，不应有扭转打结现象。白棕绳应放在干燥木板通风良好处储存保管，合成纤维绳应避免在紫外线辐射条件下及热源附近存放，如图 1-46。

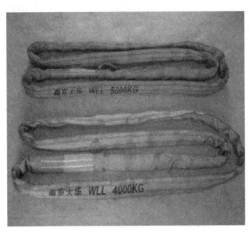

图 1-46　合成纤维吊索

为防止极限工作载荷标记磨损不清发生错用，合成纤维吊带以颜色进行区分：紫色为 1 000 kg；绿色为 2 000 kg；黄色为 3 000 kg；银灰色为 4 000 kg；红色为 5 000 kg 蓝色为 8 000 kg；橘黄色为 10 000 kg 以上。

3．吊　具

扣钢丝绳夹头（卡扣）和横吊梁等吊具是指起重机械中吊取重物的装置。常用的有吊钩吊环、卸扣、钢丝绳夹头（卡扣）和横吊梁等。

（1）吊钩。

吊钩是起重机械中最常见的一种吊具。吊钩常借助于滑轮组等部件，悬挂在起升机构的钢丝绳上。吊钩按形状分为单钩和双钩（图 1-47），钩挂重量在 80 t 以下时常用单钩形式，双钩用于 80 t 以上大型起重机装置，在吊装施工中常用单钩。吊钩按制造方法分为锻造吊钩和叠片式吊钩。

对吊钩应经常进行检查，若发现吊钩有下列情况之一时，必须报废更换；表面有裂纹、破口，开口度比原尺寸增加 15%；危险断面及钩颈有永久变形，扭转变形超过 10°；挂绳处断面磨损超过原高度 10%；危险断面与吊钩颈部产生塑性变形。

（2）吊环。

吊环主要是用在重型起重机上，但有时中型和小型起重机重载重量低至 5 t 的也有采用。因为吊环为一全部封闭的形状，所以其受力情况比开口的吊钩要好；但其缺点是钢索必须从环中穿过。吊环一般是作为吊索，吊具钩挂起升至吊钩的端部件，根据吊索的分肢数的多少，可分为主环和中间主环。根据吊环的形状分类，有圆吊环、梨形吊环，长吊环等。

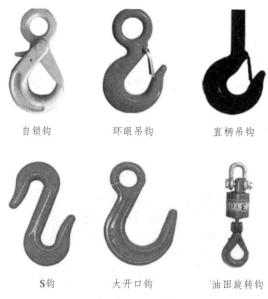

| 自锁钩 | 环眼吊钩 | 直柄吊钩 |
| 空S钩 | 大开口钩 | 油田旋转钩 |

图 1-47　吊钩

吊环出现以下情况应及时更换：吊环任何部位经探伤有裂纹或用肉眼看出的裂纹；吊环出现明显的塑性变形；吊环的任何部位磨损量大于原尺寸的 2.5%；吊环直径磨损或锈蚀超过名义尺寸的 10%；长吊环内长 L 变形率达 5% 以上。

吊环螺栓是一种带螺杆的吊环，属于一类标准紧固件，其主要作用是起吊载荷，通常用于设备的吊装，如图 1-48 所示。吊环螺栓在 PC 构件中使用时，要求经设计预埋相应的螺孔，例如预制构件上部起吊位置设置套筒，可以利用吊环螺栓和预埋套筒螺钉进行连接。吊环螺栓（包括螺杆部分）应整体锻造无焊接。吊环螺栓应定期检查，特别注意以下事项：标记应清晰；螺纹应无磨损，锈蚀及损坏；螺纹中无磁屑，螺杆应无弯曲，环眼无变形，切削加工的直径无减小，还应无裂口、裂纹、擦伤或锈蚀等任何损坏现象。

图 1-48　吊环螺栓

（3）卸扣。

卸扣又称卡环，用于绳扣（如钢丝绳）与绳扣、绳扣与构件吊环之间的连接，是起重吊装作业中应用较广的连接工具。卡环由弯环与销子（又叫芯子）两部分组成，一般都采用锻造工艺，并经过热处理，以消除卸扣在锻造过程中的内应力，增加卸扣的韧性。按销子与弯环的连接形式，卸扣分为 D 形和弓形两类（图 1-49）。

图 1-49　卸扣

当卸扣出现以下情形时应报废：有明显永久变形或轴销不能转动自如；扣体和轴销任何一处截面磨损量达原尺寸的 10% 以上；卸扣任何一处出现裂纹；卸扣不能闭锁；卸扣试验检验不合格。

（4）钢丝绳夹头（卡扣）。

钢丝绳夹头用来连接两根钢丝绳，也称绳卡或线盘。通常用的钢丝绳夹头有骑马式，压板式和拳握式 3 种，其中骑马式卡扣连接力最强，目前应用最广泛，如图 1-50 所示。钢丝绳夹头的使用安装方法如图 1-51 所示。

（5）横吊梁。

横吊梁又称为铁扁担，可用于柱、梁、墙板、叠合板等构件的吊装。用横吊梁吊装构件容易使构件保持垂直，便于安装，且可以降低起吊高度，减少吊索的水平分力对构件的压力。图 1-52 为使用横吊梁吊装预制墙板。

常用的横吊梁有滑轮横吊梁，钢板横吊梁，钢管横吊梁等，如图 1-53 所示。

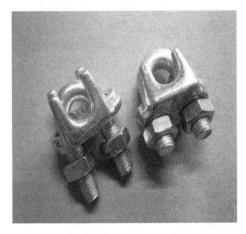

图 1-50　骑马式卡扣

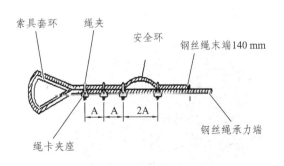

图 1-51　钢丝绳夹头的使用安装方法

注：绳卡间距 A 为 $6d \sim 7d$，d 为钢丝绳直径

图 1-52　使用横吊梁吊装墙板

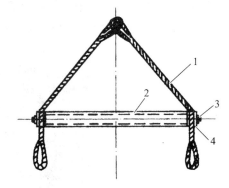

1—吊索；2—支承扁担；3—螺帽；4—压板。

图 1-53　横吊梁

横吊梁还可形成二维的平面吊装架，适用于一些较大的薄型构件或集成度较高的部品，以进一步减小各吊索的水平分力对构件的压力，使构件的吊装受力更加合理。

4．机　具

（1）滑轮组。

滑轮组是由一定数量的定滑轮和动滑轮以及绳索组成的。滑轮组既能省力又可改变力的方向。滑轮组是起重机械的重要组成部分。通过滑轮组能用较小拉力的卷扬机起吊较重的构件。

滑轮组根据跑头（滑车组的引出绳头）引出的方向不同，可分为以下 3 种自动滑轮引出，用力方向与重物的移动方向一致；自定滑轮引出，用力方向与重物的移动方向相反；双联滑轮组，有两个跑头，速度快，滑轮受力比较均匀，可用两台卷扬机同时牵引。

（2）卷扬机。

轻小型起重设备。卷扬机有手动卷扬机和电动卷扬机两种，工程中，卷扬机又称绞车，是用卷筒缠绕钢丝绳或链条提升或牵引重物的以电动卷扬机为主。在建筑施工中常用的电动卷扬机有快速和慢速两种，如图 1-54 所示。快速电动卷扬机主要用于垂直，水平运输和打桩作业，慢速电动卷扬机主要用于结构吊装，钢筋冷拉和预应力钢筋张拉作业。常用的电动卷扬机的牵引能力一般为 10～100 kN。

（a）快速电动卷扬机

（b）慢速电动卷扬机

图 1-54　电动卷扬机

卷扬机在使用时必须做可靠的锚固，以防止在工作时产生滑移或倾覆。根据牵引力的大小，卷扬机的固定方法有螺栓固定法、横木固定法、立桩固定法和压重固定法4种。卷扬机的安装位置应使操作人员能看清指挥人员或起吊（拖动）的重物。卷扬机至构件安装位置的水平距离应大于构件的安装高度，以保证操作者的视线仰角不大于45°。

（3）葫芦。

葫芦是由装在公共吊架上的驱动装置、传动装置、制动装置以及挠性卷放，或夹持装置带动取物装置升降的轻型起重设备，分为手动葫芦和动力葫芦两类。手动葫芦有手拉葫芦和手扳葫芦两种；动力葫芦有电动葫芦和气动葫芦两种，如图1-55所示。

（a）手拉葫芦

（b）手扳葫芦

（c）电动葫芦

图1-55 葫芦

手动葫芦重量轻，体积小，携带方便，操作简单，适应各种作业环境，应用广泛。手动葫芦可用于小型设备和各类重物的短距离移位安装；大型构件吊装时需轴线找正，拉紧绳索和缆风绳等。动力葫芦安装于起重机支架上，用来升降和运移物品，一般由人在地面使用尾线控制按钮跟随操控或在司机室内操纵，也有的采用无线远距离遥控的方式。

1.5.3　施工工具的配置

装配式建筑的施工工具与现浇混凝土工程相比有很大的不同，除前述各类索具、吊具和机具等之外，还需要灌浆工具、地锚、千斤顶、调压器、空压机、模板、支撑、专用扳手、套筒扳手、电动扳手、卷尺、水平尺、侧墙固定器、转角固定器、水平拉杆、垫铁、钢锲、木楔，以及各类螺栓、垫片、垫环等。这些工具应根据施工工艺要求、施工进度计划等配置，进场时必须根据设计图样和有关规范进行验收和保管。所有工具应根据预制构件形状、尺寸及重量等参数进行配置，并按照国家现行有关标准的规定进行设计、验算或试验检验，并经认定合格后方可投入使用。

1. 灌浆工具

灌浆工具包括浆料搅拌工具，灌浆泵、灌浆枪和灌浆检验工具等。浆料搅拌工具包括砂浆搅拌机、搅拌桶、电子秤、测温计、计量计等。搅拌机可以采用手持式，也可以采用固定式。电子秤量程通常为 30 ~ 50 kg，精度约 0.01 kg，水的称量通常用量杯。由于灌浆料通常需要在 30 min 内使用，因此一次搅拌量不宜过多，搅拌桶体积不宜过大，通常为 30 L 左右。测温计用来根据灌浆工艺的需要监控环境温度和浆料温度。

灌浆作业可以采用灌浆泵或灌浆枪，如图 1-56 所示。灌浆泵点至少配备 2 台，以防在灌浆作业阶段突发损坏影响灌浆作业进度和质量。

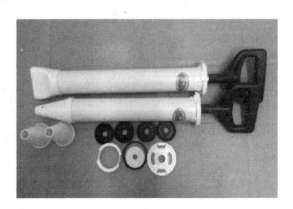

（a）灌浆泵　　　　　　　　　　　　　　（b）灌浆枪

图 1-56　灌浆设备

灌浆检验工具包括流动度截锥试模、带刻度钢化玻璃板、试块试模等。

2. 模板和支撑

由于装配式建筑大量的构件进行了工厂化生产，因而大大降低了现场支模的需要。现场支模浇筑以节点为主，与传统浇筑相比对模板的要求也大为改变，突出了模板的拼装便捷性、表面平整度、刚度等要求。因此，装配式建筑施工中虽可以采用传统的木模板，但更适宜采用工具式模板和支撑，以实现标准化、模数化和体系化，提高工程效益。

（1）模板。

目前，装配式建筑施工中常用的工具式模板有铝合金模板和大钢模等。

① 铝合金模板。铝合金模板系统采用高强度铝合金制作而成，强度高，承载好，如图1-57所示。与传统模板相比，铝合金模板安装简单，现场无须借助机械，而且由其形成的建筑水平和垂直结构精确度高，混凝土表面平整度好，可达到饰面及清水效果。

② 大钢模板。大钢模板是以钢为主要材料的大型模板，如图1-58所示。其单块模板面积较大，通常以一面现浇混凝土墙体为一块模板。采用工业化建筑施工的原理，以建筑物的开间、进深、层高尺寸为基础，进行定型化设计和制作，可以做到整支整拆，多次周转，实行工业化施工。

图 1-57　铝合金模板

图 1-50　大钢模板

（2）支撑。

根据装配式建筑预制构件的安装特点，支撑体系可以分为竖向构件支撑体系和水平构件支撑体系两大类。

① 竖向构件支撑体系。竖向构件支撑体系包括丝杆、螺套、支撑杆、手把和支座等部件。支撑杆两端焊有与内螺纹旋向相反的螺套，中间焊有手把，螺套旋合在丝杆无通孔的一端，丝杆端部设有防脱挡板；丝杆与支座耳板以高强螺栓连接；支座底部开有螺栓孔，在预

制构件安装时用螺栓将其固定在预制构件的预埋螺母上。通过旋转手把带动支撑杆转动，上丝杆与下丝杆随着支撑杆的转动同时拉近或伸长，达到调节支撑长度的目的，进而调整预制竖向构件的垂直度和位移，满足预制构件安装施工的需要。

② 水平构件支撑体系。水平构件支撑体系主要包括早拆柱头插管、套管、插销、调节螺母及摇杆等部件。套管底部焊接底板，底板上留有定位的 4 个螺钉孔；套管上部焊接外螺纹，在外螺纹表面套上带有内螺纹的调节螺母；插管上套插销后插入套管内，插管上配有插销孔，插管上部焊有中心开孔的顶板；早拆柱头由上部焊有 U 形板的丝杆、早拆托座、早拆螺母等部件组成；早拆柱头的丝杆坐于插管顶板中心孔中，通过选择合适的销孔插入插销，再用调节螺母来微调高度就可实现需求的支撑高度。

1.6   其他准备工作

1.6.1   技术资料准备

组织现场施工人员熟悉、审查施工图纸和有关的设计资料，对构件型号、尺寸、埋件位置逐项检查核对，确保无遗漏、无错误，避免构件生产无法满足施工措施和建筑功能的要求。编制施工组织设计，其中构件模具生产顺序和构件加工顺序及构件装车顺序必须与现场吊装计划相对应，避免因为构件未加工或装车顺序错误影响现场施工进度。在施工开始前由项目工程师召集各相关岗位人员汇总、讨论图纸问题。设计交底时，切实解决疑难和现场碰到的图纸施工矛盾，切实加强与建设单位、设计单位、预制构件加工制作单位，施工单位以及相关单位的联系，及时加强沟通与信息交流，要向施工人员做好技术交底，按照三级技术交底程序要求，逐级进行技术交底，特别是对不同技术工种的针对性交底，每次交底后要切实加强和落实。熟悉吊装顺序和各种指挥信号，准备好各种施工记录表格。

1.6.2   人员准备

在工程开工前组织好劳动力准备，建立拟建工程项目的领导机构，建立精干有经验的施工队组，集结施工力量，组织劳动力进场，同时建立健全各项管理制度。在施工前应对管理人员和吊装工人、灌浆作业等特殊工序的操作人员进行有针对性的技术交底和专项培训，明确工艺操作要点、工序以及施工操作过程中的安全要素。对于没有装配式结构施工经验的施工单位而言，应在样板间安装或其他试安装过程中，使管理人员和操作人员进一步熟悉管理规范，磨炼操作技能，掌握施工技术要点。

结构吊装阶段的劳动组织可参考表 1-9。

表 1-9　结构吊装阶段的劳动组织参考表

工种	人数	备　注
吊装工	12	信号工（上、下）2人，拿撬棍3人，拿靠尺1人，操作台临时固定4人，查找板号2人
电焊工	6	焊预埋件，钢筋等5人，照顾焊把线及看火1人
混凝土工	8	浇灌板缝混凝土，墙板下铺灰，剔找预埋件，修补裂板
抹灰工	8	墙板、楼板找平，修补堆放区外墙板防水槽、台，插保温条，防水条，抹光拆模后的板缝混凝土，墙板楼板塞缝子
木工	4	支拆板缝模板、弹线
钢筋工	2	梳整板缝的锚环、钢筋，绑扎水平缝，阳台处钢筋

灌浆作业施工由若干班组组成，每组点不少于两人，一人负责注浆作业，一人负责调浆以及灌浆溢流孔封堵工作。

1.6.3　工艺准备

安装施工前，应核对已施工完成结构的混凝土强度，外观质量，尺寸偏差等是否符合现行国家标准《混凝土结构工程施工规范》（GB 50666—2011）和行业标准《装配式混凝土结构技术规程》（JGJ 1—2014）的有关规定。钢筋套筒灌浆前，应在现场模拟构件连接接头的灌浆方式，每种规格的（信号工1人，吊装工4人）钢筋应制作不少于3个套筒灌浆连接接头，进行灌注质量，以及接头抗拉强度的检验；经检验合格后，方可进行灌浆作业。

安装施工前，应在预制构件和已完成的结构上测量放线，设置构件安装定位标识。应复核构件装配位置，节点连接构造及临时支撑方案等。应检查吊装设备及吊具处于安全操作状态。应核实现场环境、天气、道路状况等是否满足吊装施工要求。结构吊装前，宜选择有代表性的单元进行预制构件试安装，并应根据试安装结果及时调整完善施工方案和施工工艺。

1.6.4　季节性施工和安全措施准备

装配式混凝土结构安装工程通常是露天作业，冬季和雨季对施工生产的影响较大。为保证按期、保质地完成施工任务，必须做好冬季，雨季施工准备工作。冬季准备工作包括合理安排冬季施工项目；落实热源供应和保温材料的储存；做好测温、保温和防冻工作；加强安全教育，严防火灾发生。雨季施工准备工作包括防洪排涝，做好现场排水工作；做好雨季施工安排，尽量避免雨季窝工造成的损失；做好道路维护，保证运输通畅；做好预制构件、材料等物资的储存；做好机具设备等的防护；加强施工管理，做好雨季施工安全教育。

小　结

施工准备主要围绕施工组织要素中人员、材料、机械等开展。与现浇混凝土结构施工相比，装配式混凝土结构施工由于施工工艺有根本性的不同，需重点突出人员、预制构件和材料、设备和工具等的准备工作。吊装作业是整个施工的关键环节，要做好施工平面布置工作，重点是处理好吊装机械的布置，理顺预制构件安装与预制构件运输、堆放的关系，同时也要规划好场内运输道路和运行线路，从而将生产要素有序地组织起来。人员准备主要强调对操作人员。

特别是吊装工、灌浆工等与装配式结构施工质量和安全息息相关的人员的培训，使该部分人员形成质量意识和安全意识。预制构件准备的重点是其运输、进场和存放等准备工作，主要包括预制构件的装车运输方式、进场检验项目、存放方式和要求等内容。材料准备重点是装配式结构施工所特有的连接材料、密封材料，包括钢筋套筒、灌浆料、坐浆料等连接材料和密封胶等密封材料的准备。工具准备主要指构件吊装所用的各类索具、吊具、机具，以及灌浆工具、模板、临时支撑等专用工具的准备。

习　题

一、选择题

1. 原则上塔式起重机应距离最重构件和吊装难度最大的构件最近，通常将塔式起重机布置在（　　　）集中出现的部位较为适宜。

  A. 外墙大板   B. 梯段板

  C. 内墙板   D. 叠合板

2. 与现浇混凝土结构相比，装配式混凝土结构施工现场布置需考虑的重点是（　　　）。

  A. 材料仓库   B. 模板堆场

  C. 预制构件的运输与存放   D. 办公、生活区的设置

3. 施工现场道路宽度须保证大型构件运输车辆同时进出，道路宽度一般（　　　）m。

  A. 不小于 2   B. 不大于 6

  C. 不小于 8   D. 不小于 4

4. （　　　）不是在布置预制构件堆放区时需要考虑的因素。

  A. 吊装机械的位置   B. 运输车辆行驶路线

  C. 吊装工艺   D. 临时用电线路

5. 可在不平整、泥泞的场地或略加处理的松软场地行驶和工作，操作灵活，使用方便，本身能回转360°，适用于起吊大、中型构件的起重机是（　　　）。

  A. 汽车式起重机   B. 履带式起重机

  C. 轮胎式起重机   D. 随车起重机

6. 起重高度高，地面所占的空间较小，可自行升高，安装方便，需要增设附墙支撑，适宜用于高层建筑施工的起重机是（　　　）。

A. 爬升式塔式起重机　　　　　　B. 轨道式塔式起重机

C. 附着式塔式起重机　　　　　　D. 大型龙门架

7. 下列部件中不属于吊具的是（　　　）。

A. 钢丝绳　　　　　　　　　　　B. 吊环

C. 卸扣　　　　　　　　　　　　D. 横吊梁

8. 以下吊具可以使构件保持垂直，便于安装，又可以降低起吊高度，减少吊索的水分力对构件的压力的是（　　　）。

A. 卡环　　　　　　　　　　　　B. 吊索

C. 横吊梁　　　　　　　　　　　D. 吊环

9. 钢筋套筒灌浆前，应在现场模拟构件连接接头的灌浆方式，每种规格钢筋应制作（　　　）个套筒灌浆连接接头，进行灌注质量以及接头抗拉强度的检验。

A. 不少于3　　　　　　　　　　B. 5

C. 不少于2　　　　　　　　　　D. 1

10. 以下预制构件需采取靠放的堆放方式的是（　　　）。

A. 叠合板　　　　　　　　　　　B. 楼梯

C. 阳台　　　　　　　　　　　　D. 外墙板

11. 关于预制构件的堆放，以下说法错误的是（　　　）。

A. 垫木的位置宜与脱模时的起吊位置一致

B. 垫木的位置宜与吊装时的起吊位置一致

C. 重叠堆放构件时，每层构件间的垫木应在同一垂直线上

D. 垫木的位置应放置在构件的适当位置，既不要太靠里也不要太靠外

12. 可在各类公路上通行无阻，转移方便，在工作状态下必须放下支腿，不能负荷行驶，适用于临时分散的工地以及物料装卸，零星吊装和需要快速进场的吊装作业的起重机是（　　　）。

A. 履带式起重机　　　　　　　　B. 汽车式起重机

C. 轮胎式起重机　　　　　　　　D. 塔式起重机

二、简答题

1. 装配式建筑构件类型。

2. 装配式建筑施工机具选择。

3. 构件运输需考点的事项。

4. 装配式建筑构件识读。

2 基础工程施工

装配式建筑的基础工程施工与传统现浇结构建筑施工过程一致，但在基础顶部或者设有地基梁的在其顶部会设置定位钢筋（钢板），保证装配柱或墙体时定位安装准确，最后经套筒灌浆处理。

2.1 场地平整及清理

2.1.1 场地平整

1．一般规定

（1）土石方工程应合理选择施工方案，编制、审批、实施尽量采用新技术和机械化施工。

（2）施工中如发现有文物或古墓等应妥善保护，并应立即报请当地有关部门处理后，方可继续施工。

（3）在敷设有地上或地下管道、光缆、电缆、电线的地段施工进行土方施工时，应事先取得管理部门的书面同意，施工时应采取措施，以防损坏。

（4）土石方工程应在定位放线后，方可施工。

（5）土石方工程施工应进行土方平衡计算，按照土方运距最短，运程合理和各个工程项目的施工顺序做好调配，减少重复搬运。

将需进行建设范围内的自然地面，通过人工或机械挖填平整改造成为设计所需的平面，以利现场平面布置和文明施工，如图 2-1 所示；平整场地要考虑满足总体规划、生产施工工艺、交通运输和场地排水等要求，并尽量使土方挖填平衡，减少运土量和重复挖运。平整场地的一般施工工艺程序安排是：现场勘察→清除地面障碍物→标定整平范围→设置水准基点→设置方格网→测量标高→计算土方挖填工程量→平整土方→场地碾压→验收。

2．填方压实

（1）填土应尽量采用同类土填筑，并控制土的含水率在最优含水量范围内。当采用不同的土填筑时，应按土类有规则地分层铺填，将透水性大的土层置于透水性较小的土层之下，不得混杂使用，边坡不得用透水性较小的土封闭，以利水分排出和基土稳定，并避免在填方内形成水囊和产生滑动现象。

（2）填土应从最低处开始，由下向上整宽度分层铺填碾压或夯实。

图 2-1　平整场地

（3）在地形起伏之处，应做好接槎，修筑 1：2 台阶形成边坡，每台阶高可取 50 cm，宽 100 cm。分段填筑时每层接缝处应作成大于 1：1.5 的斜坡，碾迹重叠 0.5～1 m，上下层错缝距离不应小于 1 m。接缝部位不得在基础、墙角、柱墩等重要部位。

3．机械压实方法

（1）为保证填土压实的均匀性及密实度，避免碾轮下陷，提高碾压效率，在碾压机械碾压之前，宜先用推土机推平，如图 2-2 所示，低速预压 4～5 遍，使表面平实；采用振动平碾压实爆破石渣或碎石类土，如图 2-3 所示，应先静压，而后振压。

图 2-2　推土机

图 2-3　振动平碾

（2）碾压机械压实填方时，应控制行驶速度，一般平碾、振动碾不超过 2 km/h；并要控制压实遍数。碾压机械与基础或管道应保持一定距离，防止将基础或管道压坏或位移。

（3）用压路机进行填方压实，如图 2-4 所示，应采用"薄填、慢驶、多次"的方法，填土厚度不应超过 25～30 cm；碾压方向应从两边逐渐向中间，碾轮每次重叠宽度约 15～25 cm，避免漏压。运行中碾轮边距填方边缘应大于 50 cm，以防止发生溜坡倾倒。边角、边坡边缘压实不到之处，应辅以人力夯或小型夯实机具夯实。压实密度，除另有规定外，应压至轮子下沉量不超过 1～2 cm 为度。

图 2-4　压路机

（4）平碾碾压一层完后，应用人工或推土机将表面拉毛。土层表面太干时，应洒水湿润后，继续回填，以保证上、下层结合良好。

4．场地平整土方开挖

（1）挖方边坡应根据使用时间（临时或永久性）、土的种类、物理力学性质、水文情况等确定。对于永久性场地，挖方边坡坡度应按设计要求放坡。对于使用时间较长的临时性挖方边坡坡度，应根据工程地质和边坡高度，结合当地实践经验确定。

（2）场地边坡开挖应采取沿等高线自下而上、分层、分段依次进行，禁止采用挖空底角的方法；在边坡上采取多台阶同时进行机械开挖时，上台阶应比下台阶开挖进深不少于 30 m，以防止塌方。

（3）边坡台阶开挖应作成一定坡势以利泄水。边坡下部设有护角及排水沟时，应尽快处理台阶的反向排水坡，进行护脚矮墙和排水沟的砌筑和疏通，以保证坡脚不被冲刷和在影响边坡稳定的范围内积水，否则应采取临时排水措施。

（4）边坡开挖，对软土土坡或易风化的软质岩石边坡在开挖后应对坡面，坡脚采取喷浆、抹面、嵌补、护砌等措施，并做好坡顶坡脚排水，避免在影响边坡的范围内积水。

5．场地平整的质量通病及预防措施

（1）场地积水预防措施。平整前，对整个场地进行系统设计，本着先地下后地上的原则，做排水设施，使整个场地水流畅通；填土应认真分层回填碾压，相对密实度不低于 85%；做好测量复核工作，避免出现标高误差。

（2）填方边坡塌方预防措施。根据填方高度，土的种类和工程重要性按设计规定放坡，当填方高度在 10 m 内，宜采用 1∶1.5，高度超过 10 m，可作成折线形，上部为 1∶1.5，下部采用 1∶1.75；土料符合要求，不良土质可随即进行坡面防护，保证边缘部位的压实质量，对要求边坡整平拍实的，可以宽填 0.2 m；在边坡上下部做好排水沟，避免在影响边坡稳定的范围内积水。

（3）填方出现橡皮土现象：填土受夯打（碾压）后，基土发生颤动，受夯打（碾压）处下陷，四周鼓起，这种橡皮土使地基承载力降低，变形加大，长时间不能稳定。预防措施：

避免在含水量过大的腐殖土、泥炭土、黏土、亚黏土等厚状土上进行回填；控制含水量，尽量使其在最优含水量范围内，手握成团，落地即散；填土区设置排水沟，以排除地表水。

（4）回填土密实度达不到要求的预防措施土料不符合要求时，应挖出换土回填或掺入石灰、碎石等压（夯）实回填材料；对由于含水量过大，可采取翻松、晾晒、风干或均匀掺入干土；使用大功率压实机械碾压。

（5）滑坡预防。保持边坡有足够的坡度，尽可能避免在坡顶有过多的静、动载。

6．质量要求标准及检测方法

（1）平整场地。平整区域的坡度与设计相差不应超过 0.1%，排水沟坡度与设计要求相差不超过 0.05%，设计无要求时，向排水沟方向作不小于 2% 的坡度。

（2）场地平整的允许偏差。表面标高：人工清理 ±30 mm，机械清理：±50 mm；长度、宽度（由设计中心向两边量）不应偏小；边坡坡度人工施工表面平整，不应偏陡，机械施工基本成型，不应偏陡；地面、路面下的地基：水平标高 0 ~ −50 mm，平整度 ≤20 mm。

（3）基底处理必须符合设计要求或施工规范的规定。

（4）回填土的土料必须符合设计要求或施工规范的规定：碎石类土、砂石和爆破石渣粒径不大于每层铺填的 2/3，可用于表层下的填料；含水量符合压实要求的黏性土，可作各层填料；淤泥和淤泥质土，未经处理不能用作填料。

（5）回填土必须按规定分层夯压密实：机械分层压实每层厚度不大 30 cm，场地压实密度不小于 90%，道路压实密度不小于 95%。

（6）检测标准、方法见表 2-1。

表 2-1　场地平整检测标准及方法

序号	检验项目	场地平整	地（路）面基础层	检查方法
1	标高	±30	±50	水准仪每 20 米检测一个断面
2	分层压实系数	90%	95%	环刀法或灌沙法每层 400 ~ 900 m² 取 1 组
3	回填土料	设计规范要求		取样检查或直观鉴别
4	分层厚度	< 30 cm		水准仪每 20 米检测一个断面
5	表面平整度	20	30	靠尺 20 米检测一个断面
6	坡度	设计规范要求		水准仪每 20 米检测一个断面

2.1.2　场地清理

1．清理与掘除

（1）砍树挖根。树挖根主要指离地 1.3 m 高处直径大于 100 mm 的树木的砍伐及树根挖除施工，伐树主要采用人工进行，砍伐后的树木采用人工装自卸车，经临时便道运出施工范围，运至弃土场或堆场，在堆场内分类码砌堆放，以便节约用地。挖根施工结合现场清理进行。

施工时在靠近现有高速公路进行伐树，为了避免树木倒在通行道内，伐口垂直背向车辆行进方向进行施工，同时避免损坏毗邻建筑物、电力通信等线路。施工过程中，施工人员须注意树木倒下的方向，防止树木倒下砸伤人员。

（2）清理现场。清理现场主要指清理施工范围内的所有垃圾、灌木、竹林及胸径小于100 mm的树木、竹林、石头、废料、表土（腐殖土）、草皮的铲除与开挖，表土清理厚度30 cm。清理现场后的回填施工结合施工填筑进行。

2．安全措施

（1）对整个施工范围进行全封闭施工。

（2）向一线施工人员进行安全交底。

（3）对施工人员进行安全施工教育，施工人员进入现场必须佩戴安全帽，临空钢构件切割时系好安全带。

（4）在拆除区周围设置警示牌，并由专人警戒，确保安全，严格按《安全技术操作规程》及安全交底规定的安全措施施工，安全员到现场监督，发现问题立即整改。

（5）上下交叉作业时上方人员要注意下方人员的安全。

2.2 土方工程

2.2.1 施工排水

1．一般要求

（1）在现场周围地段应修设临时或永久性排水沟、防洪沟或挡水堤，山坡地段应在坡顶或坡脚设环形防洪沟或截水沟，以拦截附件坡面的雨水、潜水排入施工区域内。

（2）现场内外原有自然排水系统尽可能保留或适当加以整修、疏导、改造或根据需要增设少量排水沟，以利排泄现场积水、雨水和地表滞水。

（3）在有条件时，尽可能利用正式工程排水系统为施工服务，先修建正式工程主干排水设施和管网，以方便排除地面滞水和地表滞水。

（4）现场道路应在两侧设排水沟，支道应在两侧设小排水沟，沟底坡度一般为2%～8%，保持场地排水和道路畅通。

（5）土方开挖应在地表流水的上游一侧设排水沟，散水沟和截水挡土堤，将地表滞水截住；在低洼地段挖基坑时，可利用挖出之土沿四周或迎水一侧、二侧筑0.5～0.8 m高的土堤截水。

（6）大面积地表水，可采取在施工范围区段内挖深排水沟，工程范围内再设纵横排水支沟，将水流疏干，再在低洼地段设集水、排水设施，将水排走。

（7）在可能滑坡的地段，应在该地段外设置多道环形截水沟，以拦截附近的地表水，修设和疏通坡脚的原排水沟，疏导地表水，处理好该区域内的生活和工程用水，阻止渗入该地段。

（8）湿陷性黄土地区，现场应设有临时或永久性的排洪防水设施，以防基坑受水浸泡，造成地基下陷。施工用水、废水应设有临时排水管道；贮水构筑物、灰地、防洪沟、排水沟等应有防止漏水措施，并与建筑物保持一定的安全距离。安全距离：一般在非自重湿陷性黄土地区应不小于 12 m，在自重湿陷性土地区不小于 20 m，对自重湿陷性黄土地区在 25 m 以内不应设有集水井。材料设备的堆放，不得阻碍雨水排泄。需要浇水的建筑材料，宜堆放在距基坑外 5 m 以外，并严防水流入基坑内。

2．人工降低地下水位

施工排水和人工降低地下水位是配合基坑开挖的安全措施之一。当基坑或基槽开挖至地下水位以下时，土的含水层被切断，地下水将不断渗入坑内。大气降水、施工用水等也会流入坑内。基坑或沟槽内的土被水浸泡后可能引起边坡的坍塌，使施工不能正常进行，还会影响地基承载能力。所以，做好施工排水和降水工作，保持干燥的开挖工作面是十分重要的。施工前应进行降水与排水的设计。

基坑或沟槽降水的方法通常有集水井降水法和井点降水法。无论采用何种方法，降水工作应持续到基础施工完毕并回填土后才能停止。

（1）集水井降水法。集水井降水法是在基坑开挖过程中，沿坑底周围开挖排水沟，排水沟纵坡宜控制在 1‰～2‰，在坑底每隔 30～40 m 设置集水井，地下水通过排水沟流入集水井中，然后用水泵抽至坑外，如图 2-5 所示。

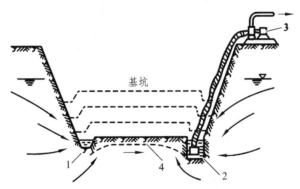

1—排水明沟；2—集水井；3—水泵；4—降低后的地下。

图 2-5　明沟、集水井排水

集水井降水法是一种常用的简易的降水方法，适用于面积较小、降水深度不大的基坑（槽）开挖工程。

集水井设置。四周的排水沟及集水井一般应设置在基础 0.4 m 以外，地下水流的上游。沟边缘离开边坡坡脚不应小于 0.3 m，底面比挖土面低 0.3～0.4 m，排水纵坡控制在 0.1%～0.2% 以内。集水井的直径或宽度，一般为 0.6～0.8 m（其深度随着挖土的加深而加深，要始终低于挖土面 0.7～1.0 m）。当基坑挖至设计标高后，井底应低于坑底 1～2 m，并铺设 0.3 m 碎石滤水层，以免在抽水时将泥沙抽出，并防止井底的土被搅动。排水沟和集水井应设置在建筑物基础底面范围以外，且在地下水走间的上游。根据基坑涌水量的大小、基坑平面形状和尺寸、水泵的抽水能力等，确定集水井的数量和间距。一般每 20～40 m 设置 1 个。

水泵的选用。集水明沟排水是用水泵从集水井中抽水，常用的水泵有潜水泵、离心泵和泥浆泵。选用水泵的抽水量为基坑涌水量的 1.5~2 倍。

（2）井点降水法。对软土或土层中含有细砂、粉砂或淤泥层时，不宜采用集水井降水法，因为在基坑中直接排水，地下水将产生自下而上或从边坡向基坑方向流动的动水压力，容易导致边坡塌方和产生"流砂现象"使基底土结构遭受破坏，这种情况应考虑采用井点降水法。

如果土层中产生局部流沙现象，应采取减小动水压力的处理措施，使坑底土颗粒稳定，不受水压干扰。其方法有：

安排枯水期施工，使最高地下水位不高于坑底 0.5 m；水中挖土时，不抽水或减少抽水，保持坑内水压与地下水压基本平衡；采用井点降水法、打板桩法、地下连续墙法防止流砂产生。

井点降水是在基坑开挖前，预先在基坑四周以一定的距离埋入井点管至地下蓄水层内，在土方开挖过程中，利用抽水设备不断从井点管里抽出地下水，使地下水位降低到坑底以下，从而保证土方在干燥状态下施工，可以有效地防止流砂现象的产生。如图 2-6 所示。

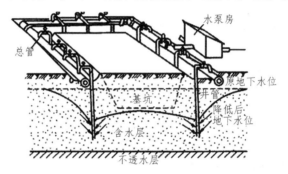

图 2-6 井点降水法

井点降水有轻型井点和管井井点两类。对不同类型的井点降水可根据土的渗透系数、降水深度、设备条件及经济性选用，可参见表 2-2 选择。其中轻型井点应用最为广泛。

表 2-2 各种井点的适用范围

井点类型		土层渗透系数/（m/d）	降低水位深度/m
轻型井点	一级轻型井点	0.1~50	3~6
	二级轻型井点	0.1~50	6~12
	喷射井点	0.1~5	8~20
	电渗井点	<0.1	根据选用的井点确定
管井类	管井井点	20~200	3~5
	深井井点	10~250	>15

2.2.2 定位放线

1. 定位测量前的准备工作

（1）熟悉图纸资料。包括熟悉首层建筑平面图、基础平面图、有关大样图、建筑总平面图及与定位测量有关的技术资料等，从而了解建筑物的平面布置情况，有几道轴线，建筑物长、宽、结构特点。核对各部位尺寸，了解建筑物的建筑坐标，设计高程，在总平面图上的位置。熟悉施工总平面图熟悉大型临时设施的平面布置情况，长、宽尺寸。了解临时设施的建筑坐标、设计高程、在总平面图上的位置、与永久性建筑物的位置关系。熟悉测量放线方案。了解定位测量前的准备工作计划，施工现场控制测量情况，定位测量选定的方法及中心桩放样数据、放样图，中心桩放样后的检查方法及精度要求。

（2）配备施测人员。测量工作需要仪器观测人员，前、后尺手，记录人员，辅助人员等。

（3）配备仪器、工具。经纬仪1台，脚架1个，钢卷尺1把，标杆2根，木桩若干，锤子1把，小钉若干，记录簿，铅笔，小刀。

（4）检校仪器。

2．土方工程的抄平放线

基础放线是指根据定位的角点桩，详细测设其他各轴线交点的位置，并用木桩标定出来称为中心桩。据此按基础宽和放坡宽用白灰撒出基槽边界线，如图2-7所示。

图2-7　基坑放线

抄平是指同时测设若干同一高程的点。此处是指测设±0.000及其他若干已知高程的点。

（1）设置龙门板。设置龙门板挖基槽（坑）时，定位中心桩不能保留。为了便于基础施工，一般都在开挖基槽（坑）之前，在建筑物轴线两端设置龙门板。将轴线和基础边线投测到龙门板上，作为挖槽（坑）后各阶段施工中恢复轴线的依据。

龙门板由龙门桩和龙门板组成，如图2-8所示。

设置龙门板的步骤及检查测量。钉龙门桩：支撑龙门板的木桩称龙门桩。一般用5 cm×5 cm～5 cm×7 cm木方制成，钉龙门桩步骤：①在建筑物轴线两端，基槽边线1.5～2 m处钉龙门桩，桩要竖直、牢固，桩侧面应与轴线平行。②用水准测量的方法，在龙门桩外侧面上测设±0.000标高线，其误差不得超过±5mm。③建筑物同一侧的龙门桩应在一条直线上。

钉龙门板步骤及检查测量：①将龙门板顶面（顶面为平面）沿龙门桩±0.000标高线钉设龙门板。②用水准仪校核龙门板顶面标高，其误差不容许超过±5 mm，否则调整龙门板高度。

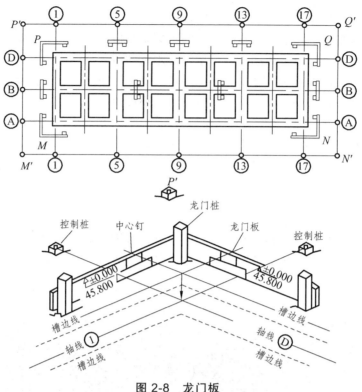

图 2-8　龙门板

投测轴线及检查测量。① 安置经纬仪于中心桩上，将各轴线引测到龙门板顶面上，并钉小钉作标志（称为中心钉）。② 用钢卷尺沿龙门板顶面检测中心钉间距，其误差不超过 1/2 000 为合格。以中心钉为准，将墙基边线、基槽边线标记到龙门板顶面上。

（2）设置轴线控制桩。设置控制桩除与设置龙门板有相同的原因外，控制桩还有以下优点：所需木材少，占用场地小，不影响交通等。设置控制桩步骤如下：① 安置经纬仪于某轴线中心桩上，瞄准轴线另一端的中心桩。② 在视线方向上（轴线延长线上）离基槽边线 4 ~ 5 m 外的安全地点，钉设 2 个用水泥砂浆浇灌的木桩，并把轴线投测到桩顶，用小钉标志。

2.2.3　土方开挖

1．工作内容及范围

根据施工现场实际情况，图纸设计等内容进行叙述（工程概况，工程特点等）。

2．施工准备

（1）技术准备。熟悉施工图纸，编制土方开挖施工方案，并通过审批。组织土方施工人员根据地勘资料摸索地形、地貌，实地了解施工现场及周围情况。施工单位设置土方开挖控制点，层层控制点位。

（2）主要机具设备。① 挖土机械：推土机、铲运机、挖掘机（包括正铲、反铲、拉铲、抓铲等）、装载机等，如图 2-9 所示。② 辅助工具：测量仪器、铁锹、手推车、锤子、梯子、铁镐、撬棍、龙门板、线、钢卷尺、坡度尺等。

3．作业条件

土方开挖前，应详细查明施工区域内的地下、地上障碍物。对位于基坑、管沟内的管线和相距较近的地上、地下障碍物应拆、改或加固处理完毕。控制坐标和水准点已按设计要求引测到现场，并在工程施工区域设置测量控制网，包括控制基线、轴线和水平基准点。为了

图 2-9　反铲挖掘机

夜间施工，应设有足够的照明设施；在危险地段应设置明显标志，并设计合理的开挖顺序，防止错挖或超挖。施工机械进入现场所经过的道路、桥梁和卸车设施等，应事先经过检查，必要时要做好加固和加宽等准备工作。在机械无法作业的部位施工，修整边坡坡度以及清理槽底等已配备人工进行。

当开挖深度范围内遇有地下水时，应根据当地工程地质资料采取措施降低地下水位。一般应降至开挖面以下 0.5 m，然后才能进行土方开挖。做好施工场地防洪排水工作，全面规划场地，平整各部分的标高，保证施工场地排水通畅、不积水，场地周围设置必要的截水沟、排水沟。在施工现场内修筑供汽车行走的坡道，坡度应小于 1：6。当坡道路面强度偏低时，路面土层应铺填筑适当厚度的碎石或渣土；挖土机械所占土层处于饱和状态时，应填筑适用厚度的碎石或渣土，以免陷机。

4．施工工艺

土方开挖施工工艺流程：测量放线→确定开挖顺序和坡度→分段、分层均匀开挖→排（降）水→修坡和清底→坡道收尾。

5．施工要点

（1）开挖坡度的确定：基坑开挖，应先测量定位，抄平放线，定出开挖宽度，按放线分块（段）分层挖土。根据土质和水文情况，采取四侧或两侧直立开挖或放坡，以保证施工操作安全。

（2）在天然湿度的土中开挖基槽和管沟时，当挖土深度不超过下列数值规定时，可不放坡，不加支撑。密实、中密的砂土和碎石类土（填充物为砂土）——1.0 m；硬塑、可塑的粉土及粉质黏土——1.25 m；硬塑、可塑的黏土和碎石类土（填充物为黏性土）——1.5 m；坚硬的黏土——2.0 m。

（3）当土质为天然湿度、构造均匀，水文地质条件良好（即不会发生坍塌、移动、松散

或不均匀下沉）且无地下水时，开挖基坑亦可不放坡，采取直立开挖不加支护，但挖方深度应按表 2-3 规定，基坑宽应稍大于基础宽。如超过表 2-3 规定的深度，但不大于 5 m 时，应根据土质和施工具体情况进行放坡，以保证不塌方，其最大容许坡度按表 2-4 采用。放坡后基坑上口宽度由基础底面宽度及边坡坡度确定，坑底宽度每边应比基础宽出 30～50 cm，以便于施工操作。

表 2-3　基坑（槽）和管沟不加支撑的允许深度

项次	土的种类	允许深度/m
1	密实、中密的砂子和碎石类土（充填物为砂土）	1.00
2	硬塑、可塑的粉质黏土及粉土	1.25
3	硬塑、可塑的黏土和碎石类土（充填物为黏土）	1.50
4	坚硬的黏土	2.00

表 2-4　深度在 5 m 内的基槽管沟坡的最陡坡度

土的类别	边坡坡度容许值（高：宽）		
	坡顶无荷载	坡顶有静载	坡顶有动载
中密的砂土	1：1.00	1：1.25	1：1.5
中密的碎石类土（填充物为砂土）	1：0.75	1：1.00	1：1.25
硬塑的粉土	1：0.67	1：0.75	1：1.00
中密的碎石类土（填充物为黏土）	1：0.50	1：0.67	1：0.75
硬塑的粉质黏土、黏土	1：0.33	1：0.50	1：0.5
老黄土	1：0.10	1：0.25	1：0.33
软土（经井点降水后）	1：1.00	—	—

（4）在工程施工区域设置测量控制网，包括控制基线、轴线和水平基准点；做好轴线控制测量的校核。控制网应该避开建筑物、构筑物、土方机械操作及运输线路，并有保护标志；场地整平应设 10 m×10 m 或 20 m×20 m 方格网，在各方格点上做控制桩，并测出各标桩处的自然地形、标高，作为计算挖土方量和施工控制的依据。基坑（槽）和管沟开挖，上部应有排水措施，防止地面水流入坑内冲刷边坡，造成塌方和破坏基底土。

（5）开挖基坑（槽）或管沟时，应合理确定开挖顺序、路线及开挖深度，分段分层均匀开挖。采用挖土机开挖大型基坑（槽）时，应从上而下分层分段，按照坡度线向下开挖，严禁在高度超过 3 m 或在不稳定土体之下作业，每层的中心地段应比两边稍高一些，以防积水。在挖方边坡上如发现有软弱土、流砂土层，或地表面出现裂缝时，应停止开挖，并及时采取相应补救措施，以防止土体崩塌与下滑。

（6）采用反铲、拉铲挖土机开挖基坑（槽）或管沟时，其施工方法有下列两种：

① 端头挖土法：挖土机从基坑（槽）或管沟的端头，以倒退行驶的方法进行开挖，自卸汽车配置在挖土机的两侧装运土。

② 侧向挖土法：挖土机沿着基坑（槽）边或管沟的一侧移动，自卸汽车在另一侧装土。

挖土机沿挖方边缘移动时，机械距离边坡上缘的宽度不得小于基坑（槽）和管沟深度的1/2，如挖土深度超过 5 m 时应按专业施工方案来确定。机械开挖基坑（槽）和管沟，应采取措施防止基底超挖，一般可在设计标高以上暂留 300 mm 一层土不挖，以便经抄平后由人工清底挖出。机械挖不到的土方，应配以人工跟随挖掘，并用手推车将土运到机械能挖到的地方，以便及时挖走。

（7）修帮和清底。在距槽底实际标高 500 mm 槽帮处，抄出水平线，钉上小木橛，然后用人工将暂留土层挖走。同时由两端轴线（中心线）引桩拉通线（用小线或铅丝），检查距槽边尺寸，确定槽宽标准。以此修整槽边，最后清理槽底土方。槽底修理铲平后进行质量检查验收。开挖基坑（槽）的土方，在场地有条件堆放时，应留足回填的好土；多余土方应一次运走，避免二次搬运。

（8）雨期、冬期施工。土方开挖一般不宜在雨期施工，如必须在雨期施工时，开挖工作面不宜过大，应逐段、逐片分期完成。雨期施工开挖的基坑（槽）或管沟，应注意边坡稳定。必要时可适当放缓边坡坡度或设置支撑并对坡面进行保护。同时应在坑（槽）外侧围以土堤或开挖水沟，防止地面水流入。经常对边坡、支撑、土堤进行检查，发现问题要及时处理。土方开挖不宜在冬期施工。如必须在冬期施工时，其施工方法应按冬期施工方案进行。

采用防止冻结法开挖土方时，可在冻结以前，用保温材料覆盖或将表层土翻耕耙松，其翻耕深度应根据当地气候条件确定，一般不小于 300 mm。施工过程中每天均应对施工面采取防冻措施，施工接近基底标高时应预留适当厚度的松土或用保温材料覆盖，且应防止保温材料受水浸湿。

施工时若引起邻近建筑物的地基和基础暴露时，应采取防冻措施，以防产生冻结破坏。

6．质量通病控制方法

（1）挖方边坡塌方：根据不同土层土质和开挖深度，确定适当的挖方坡度，或设支护；做好地面排水措施，基坑开挖范围内有地下水时，应采用降排水措施，将水位降至基底以下0.5 m；避免在靠近坑顶弃土、堆载和行驶挖土机械及车辆；土方开挖应自上而下分段、分层依次进行，避免先挖坡脚造成边坡失稳。

（2）场地积水：场地内填土应认真分层回填压（夯）实，使密实度不低于设计要求，避免松填；按要求做好场地排水坡和排水沟，做好测量复核，避免出现标高错误。

（3）边坡超挖：采用机械开挖，预留 0.2 ~ 0.3 m 厚土层，采用人工修坡；对松软土层避免各种外界机械车辆等的振动，采取适当保护措施；加强测量复测，进行严格定位。

（4）基坑（槽）泡水：在开挖的基坑（槽）周围设排水沟或挡水堤；地下水位以下挖土，设排水沟和集水井，用水泵抽排，使水位降至开挖面以下 0.5 ~ 1.0 m。

（5）围护墙渗水或漏水：渗水量较小时，在坑底设明沟排水；若渗水量较大，但没有泥沙带出，可用引流—修补方法加以控制；对渗、漏量很大的情况，在围护墙背面开挖至漏水位置下 0.5 ~ 1.0 m，并用密实混凝土进行封堵，或在墙后采用压密注浆或高压喷射注浆方法控制。

（6）围护墙倾斜、位移：对重力式支护结构采取减小坑边堆载，防止动荷载作用于围护墙或坑边区域；加快垫层与底板浇筑速度，以减少基坑敞开时间；对悬臂式支护结构，一般采取加设支撑或拉锚，也可墙背卸土，并应及时浇筑垫层；对支撑式支护结构，采取注浆或高压喷射注浆进行坑底加固，提高被动区抗力。

（7）流砂及管涌：坑内出现流砂现象时，应增加坑内排降水措施，将地下水位降低至基坑开挖底以下 0.5～1.0 m；基坑开挖后，可采取加速垫层浇筑或加厚垫层的办法"压住"流砂；管涌严重时可在支护墙的前面再打设一排钢板桩，在钢板桩与支护墙之间再进行注浆。

（8）邻近建筑与管线位移：基坑开挖应加强观测，当建筑物、管线位移、或沉降量到规范允许值后，立即采取跟踪注浆加固。注浆孔可在围护墙背及建筑物前各布置一排，但注浆压力不宜太大；有条件的，可在开挖前对邻近建筑物的地基或支护墙背土体先采用压密注浆、搅拌桩、静力锚杆压桩等加固措施。对基坑周围管线可采取在管线靠基坑的一侧打设树根桩封闭或挖隔离沟。当地下管线离基坑较近时，打设封闭桩、挖隔离沟困难，可采取将管线架空的办法使管线与围护墙后土体分离。

7．质量验收及标准：

（1）开挖标高、长度、宽度、边坡均应符合设计要求。

（2）施工过程应保持基底清洁无冻胀、无积水，并严禁扰动。

（3）开挖过程中应检查平面位置、水平标高、边坡坡度、压实度、降水系统、排水系统等，防止影响周边环境。

（4）基面平整度符合规范要求，基底土质应符合设计要求。

（5）土方开挖工程质量检验标准见表 2-5。

表 2-5　土方开挖工程质量检验标准

项目	序号	项目	允许偏差或允许值/mm			检验方法
			桩基基坑基槽	机械挖方场地平整	管沟	
主控项目	1	标高	−50	±50	−50	水准仪
	2	长度、宽度（由设计中心线向两边量）	+200 −50	+500 −150	+100	经纬仪，用钢尺量
	3	边坡	设计要求			观察或用坡度尺检查
一般项目	1	表面平整度	20	50	20	用 2 m 靠尺和楔形塞尺检查
	2	基底土性	设计要求			观察或土样分析

2.3　基础工程施工

2.3.1　浅基础施工

1．浅基础的分类

传统的浅基础按受力特点可分为刚性基础和柔性基础。用抗压强度较大，而抗弯、抗拉强度小的材料建造的基础，如砖、毛石、灰土、混凝土、三合土等基础均属于刚性基础。刚性基础的最大拉应力和剪应力必定在其变截面处，其值受基础台阶的宽高比影响很大。因此，刚性基础按制台阶的宽高比（称刚性角）是个关键。用钢筋混凝土建造的基础叫柔性基础。它的抗弯、抗拉、抗压能力都很大，适用于地基土出较软弱，上部结构荷载较大的基础。

浅基础按构造形式分为单独基础、带形基础、箱形基础、筏板基础等。单独基础也称独立基础，多呈柱墩形，截面可做成阶梯形或锥形等；带形基础是指长度远大于其高度和宽度的基础，常见的是墙下条形基础，材料主要采用砖、毛石、混凝土和钢筋混凝土等。

装配式建筑中常见的浅基础有条形基础、筏式基础和箱型基础，现将其基础形式及施工构造要求介绍如下。

（1）条形基础。条形基础包括柱下钢筋混凝土独立基础（图 2-10）和墙下钢筋混凝土条形基础（图 2-11）。这种基础的抗弯和抗剪性能良好，可在竖向荷载较大、地基承载力不高以及承受水平力和力矩等荷载情况下使用。因高度不受台阶宽高比的限制，故适宜于需要"宽基浅埋"的场合下采用。

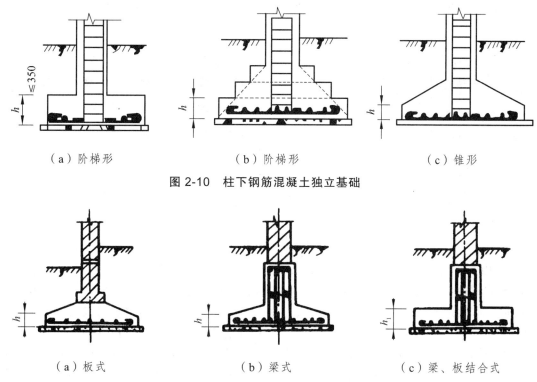

（a）阶梯形　　　　（b）阶梯形　　　　（c）锥形

图 2-10　柱下钢筋混凝土独立基础

（a）板式　　　　（b）梁式　　　　（c）梁、板结合式

图 2-11　墙下钢筋混凝土条形基础

① 构造要求。锥形基础（条形基础）边缘高度 h 不宜小于 200 mm；阶梯形基础的每阶高度 h_1 宜为 300～500 mm。垫层厚度一般为 100 mm，混凝土强度等级为 C10，基础混凝土强度等级不宜低于 C15。底板受力钢筋的最小直径不宜小于 8 mm，间距不宜大于 200 mm。当有垫层时钢筋保护层的厚度不宜小于 35 mm，无垫层时不宜小于 70 mm。插筋的数目与直径应与柱内纵向受力钢筋相同。插筋的锚固及柱的纵向受力钢筋的搭接长度，按国家现行《混凝土结构设计规范》的规定执行。

② 施工要点。基坑（槽）应进行验槽，局部软弱土层应挖去，用灰土或砂砾分层回填夯实至基底相平。基坑（槽）内浮土、积水、淤泥、垃圾、杂物应清除干净。验槽后地基混凝土应立即浇筑，以免地基土被扰动。垫层达到一定强度后，在其上弹线、支模。铺放钢筋网片时底部用与混凝土保护层同厚度的水泥砂浆垫塞，以保证位置正确。在浇筑混凝土前，应清除模板上的垃圾、泥土和钢筋上的油污等杂物，模板应浇水加以湿润。基础混凝土宜分层连续浇筑完成。阶梯形基础的每一台阶高度内应分层浇捣，每浇筑完一台阶应稍停 0.5 ~ 1.0 h，待其初步获得沉实后，再浇筑上层，以防止下台阶混凝土溢出，在上台阶根部出现烂脖子，台阶表面应基本抹平。锥形基础的斜面部分模板应随混凝土浇捣分段支设并顶压紧，以防模板上浮变形，边角处的混凝土应注意捣实。严禁斜面部分不支模，用铁锹拍实。基础上有插筋时，要加以固定，保证插筋位置的正确，防止浇捣混凝土发生移位。混凝土浇筑完毕，外露表面应覆盖浇水养护。

（2）筏式基础。筏式基础由钢筋混凝土底板、梁等组成，适用于地基承载力较低而上部结构荷载很大的场合。其外形和构造上像倒置的钢筋混凝土楼盖，整体刚度较大，能有效将各柱子的沉降调整得较为均匀。筏式基础一般可分为梁板式和平板式两类（图 2-12）。

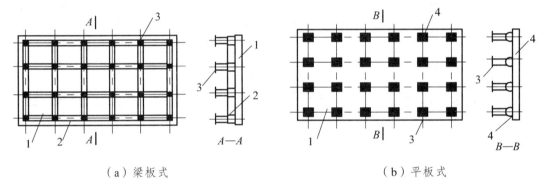

（a）梁板式   （b）平板式

1—底板；2—梁；3—柱；4—支墩。

图 2-12　筏式基础

① 构造要求。混凝土强度等级不宜低于 C20，钢筋无特殊要求，钢筋保护层厚度不小于 35 mm。基础平面布置应尽量对称，以减小基础荷载的偏心距。底板厚度不宜小于 200 mm，梁截面和板厚按计算确定，梁顶高出底板顶面不小于 300 mm，梁宽不小于 250 mm。底板下一般宜设厚度为 100 mm 的 C10 混凝土垫层，每边伸出基础底板不小于 100 mm。

② 施工要点。施工前，如地下水位较高，可采用人工降低地下水位至基坑底不少于 500 mm，以保证在无水情况下进行基坑开挖和基础施工。施工时，可采用先在垫层上绑扎底板、梁的钢筋和柱子锚固插筋，浇筑底板混凝土，待达到 25% 设计强度后，再在底板上支梁模板，继续浇筑完梁部分混凝土；也可采用底板和梁模板一次同时支好，混凝土一次连续浇筑完成，梁侧模板采用支架支承并固定牢固。混凝土浇筑时一般不留施工缝，必须留设时，应按施工缝要求处理，并应设置止水带。基础浇筑完毕，表面应覆盖和洒水养护，并防止地基被水浸泡。

（3）箱形基础。箱形基础是由钢筋混凝土底板、顶板、外墙以及一定数量的内隔墙构成封闭的箱体（图 2-13），基础中部可在内隔墙开门洞作地下室。该基础具有整体性好，刚度大，调整不均匀沉降能力及抗震能力强，可消除因地基变形使建筑物开裂的可能性，减少基底处原有地基自重应力，降低总沉降量等特点。适用作软弱地基上的面积较小、平面形状简单、上部结构荷载大且分布不均匀的高层建筑物的基础和对沉降有严格要求的设备基础或特种构筑物基础。

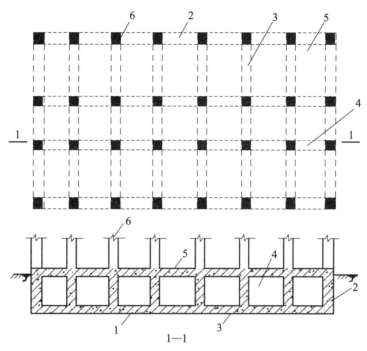

1—底板；2—外墙；3—内墙隔墙；4—内纵隔墙；5—顶板；6—柱。

图 2-13　箱形基础

① 构造要求。箱形基础在平面布置上尽可能对称，以减少荷载的偏心距，防止基础过度倾斜。混凝土强度等级不应低于 C20，基础高度一般取建筑物高度的 1/8 ~ 1/12，不宜小于箱形基础长度的 1/16 ~ 1/18，且不小于 3 m。底、顶板的厚度应满足柱或墙冲切验算要求，并根据实际受力情况通过计算确定。底板厚度一般取隔墙间距的 1/8 ~ 1/10，一般为 300 ~ 1 000 mm，顶板厚度一般为 200 ~ 400 mm，内墙厚度不宜小于 200 mm，外墙厚度不应小于 250 mm。为保证箱形基础的整体刚度，平均每平方米基础面积上墙体长度应不小于 400 mm，或墙体水平截面不得小于基础面积的 1/10，其中纵墙配置量不得小于墙体总配置量的 3/5。

② 施工要点。基坑开挖，如地下水位较高，应采取措施降低地下水位至基坑底以下 500 mm 处，并尽量减少对基坑底土的扰动。当采用机械开挖基坑时，在基坑底面以上 200 ~ 400 mm 厚的土层，应用人工挖除并清理，基坑验槽后，应立即进行基础施工。施工时，基础底板、内外墙和顶板的支模、钢筋绑扎和混凝土浇筑，可采取分块进行，其施工缝的留设位置和处理应符合钢筋混凝土工程施工及验收规范有关要求，外墙接缝应设止水带。基础的底板、内外墙和顶板宜连续浇筑完毕。为防止出现温度收缩裂缝，一般应设置贯通后浇带，带宽不宜小于 800 mm，在后浇带处钢筋应贯通，顶板浇筑后，相隔 2 ~ 4 周，用比设计强度提高一级的细石混凝土将后浇带填灌密实，并加强养护。基础施工完毕，应立即进行回填土。停止降水时，应验算基础的抗浮稳定性，抗浮稳定系数不宜小于 1.2，如不能满足时，应采

取有效措施，譬如继续抽水直至上部结构荷载加上后能满足抗浮稳定系数要求为止，或在基础内采取灌水或加重物等，防止基础上浮或倾斜。

2.3.2 桩基础施工

1. 桩的分类

（1）按承台位置的高低分。

① 高承台桩基础——承台底面高于地面，它的受力和变形不同于低承台桩基础。一般应用在桥梁、码头工程中。

② 低承台桩基础——承台底面低于地面，一般用于房屋建筑工程中。

（2）按承载性质不同。

① 端承桩——是指穿过软弱土层并将建筑物的荷载通过桩传递到桩端坚硬土层或岩层上。桩侧较软弱土对桩身的摩擦作用很小，其摩擦力可忽略不计。

② 摩擦桩——是指沉入软弱土层一定深度通过桩侧土的摩擦作用，将上部荷载传递扩散于桩周围土中，桩端土也起一定的支承作用，桩尖支承的土不甚密实，桩相对于土有一定的相对位移时，即具有摩擦桩的作用。

（3）按桩身的材料不同。

① 钢筋混凝土桩——可以预制也可以现浇。根据设计，桩的长度和截面尺寸可任意选择。

② 钢桩——常用的有直径 250～1 200 mm 的钢管桩和宽翼工字形钢桩。钢桩的承载力较大，起吊、运输、沉桩、接桩都较方便，但消耗钢材多，造价高。我国目前只在少数重点工程中使用。如上海宝山钢铁总厂工程中，重要的和高速运转的设备基础和柱基础使用了大量的直径 914.4 mm 和 600 mm，长 60 mm 左右的钢管桩。

③ 木桩——目前已很少使用，只在某些加固工程或能就地取材临时工程中使用。在地下水位以下时，木材有很好的耐久性，而在干湿交替的环境下，极易腐蚀。

④ 砂石桩——主要用于地基加固，挤密土壤。

⑤ 灰土桩——主要用于地基加固。

（4）按桩的使用功能分。

① 竖向抗压桩；

② 竖向抗拔桩；

③ 水平荷载桩；

④ 复合受力桩。

（5）按桩直径大小分。

① 小直径桩 $d \leqslant 250$ mm；

② 中等直径桩 250 mm $< d <$ 800 mm；

③ 大直径桩 $d \geqslant 800$ mm。

（6）按成孔方法分。

① 非挤土桩：泥浆护壁灌筑桩、人工挖孔灌筑桩，应用较广。

② 部分挤土桩：先钻孔后打入。

③ 挤土桩：打入桩。

（7）按制作工艺分。

① 预制桩——钢筋混凝土预制桩是在工厂或施工现场预制，用锤击打入、振动沉入等方法，使桩沉入地下。

② 灌筑桩——又叫现浇桩，直接在设计桩位的地基上成孔，在孔内放置钢筋笼或不放钢筋，后在孔内灌筑混凝土而成桩。与预制桩相比，可节省钢材，在持力层起伏不平时，桩长可根据实际情况设计。

（8）按截面形式分。

① 方形截面桩——制作、运输和堆放比较方便，截面边长一般为 250 ~ 550 mm。

② 圆形空心桩——是用离心旋转法在工厂中预制，它具有用料省，自重轻，表面积大等特点。国内铁道部门已有定型产品，其直径有 300 mm、450 mm 和 550 mm，管壁厚 80 mm，每节长度自 2 ~ 12 m 不等。

2．混凝土灌注桩施工

混凝土灌注桩是直接在施工现场的桩位上成孔，然后在孔内浇筑混凝土成桩。钢筋混凝土灌注桩还需在桩孔内安放钢筋笼后再浇筑混凝土成桩。

与预制桩相比较，灌注桩可节约钢材、木材和水泥，且施工工艺简单，成本较低。能适应持力层的起伏变化制成不同长度的桩，可按工程需要制作成大口径桩。施工时无需分节制作和接桩，减少运输和起吊工作量。施工时无振动、噪声小，对环境干扰较小。但其操作要求较严格，施工后需一定的养护期，不能立即承受荷载。

灌注桩按成孔方法分为钻孔灌注桩、沉管灌注桩、人工挖孔灌注桩、爆扩成孔灌注桩等。

（1）钻孔灌注桩。

钻孔灌注桩是指利用钻孔机械钻出桩孔，并在孔中浇筑混凝土（或先在孔中吊放钢筋笼）而成的桩。根据钻孔机械的钻头是否在土壤的含水层中施工，又分为泥浆护壁成孔和干作业成孔两种施工方法。

① 泥浆护壁成孔灌注桩。泥浆护壁成孔是利用泥浆保护稳定孔壁的机械钻孔方法。它通过循环泥浆将切削碎的泥石渣屑悬浮后排出孔外，泥浆护壁钻孔灌注桩适用于地下水位以下的黏性土、粉土、砂土、填土、碎（砾）石土及风化岩层，以及地质情况复杂，夹层多、风化不均、软硬变化较大的岩层，冲孔灌注桩除适应上述地质情况外，还能穿透旧基础、大孤石等障碍物，但在岩溶发育地区应慎重使用。

泥浆护壁成孔灌注桩施工工艺流程如下所述。

A. 测定桩位。平整清理好施工场地后，设置桩基轴线定位点和水准点，根据桩位平面布置施工图，定出每根桩的位置，并做好标志。施工前，桩位要检查复核，以防被外界因素影响而造成偏移。

B. 埋设护筒。护筒的作用是：固定桩孔位置，防止地面水流入，保护孔口，增高桩孔内水压力，防止塌孔，成孔时引导钻头方向。护筒用 4 ~ 8 mm 厚钢板制成，内径比钻头直径大100 ~ 200 mm，顶面高出地面 0.4 ~ 0.6 m，上部开 1 ~ 2 个溢浆孔。埋设护筒时，先挖去桩孔处表土，将护筒埋入土中，其埋设深度，在黏土中不宜小于 1 m，在砂土中不宜小于 1.5 m。其高度要满足孔内泥浆液面高度的要求，孔内泥浆面应保持高出地下水位 1 m 以上。采用挖坑埋设时，坑的直径应比护筒外径大护筒中心与桩位中心线偏差不应大于 50 mm，对位后应在护筒外侧填入黏土并分层夯实。

C. 泥浆制备。泥浆的作用是护壁、携砂排土、切土润滑、冷却钻头等，其中以护壁为主。泥浆制备方法应根据土质条件确定：在黏土和粉质黏土中成孔时，可注入清水，以原土造浆。在其他土层中成孔，泥浆可选用高塑性的黏土制备。施工中应经常测定泥浆密度，并定期测定黏度、含砂率和胶体率。为了提高泥浆质量可加入外掺料，如增重剂、增黏剂、分散剂等。

D. 成孔。潜水钻机成孔。潜水钻机成孔示意图如图 2-14 所示。潜水钻机是一种旋转式钻孔机，其防水电机变速机构和钻头密封在一起，由桩架及钻杆定位后可潜入水、泥浆中钻孔。注入泥浆后通过正循环或反循环排渣法将孔内切削土粒、石渣排至孔外。目前使用的潜水钻，钻孔直径 400～800 mm，最大钻孔深度 50 m。潜水钻机既适用于水下钻孔，也可用于地下水位较低的干土层中钻孔。

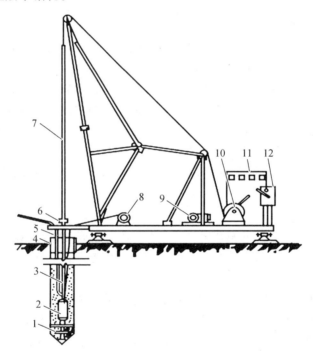

1—钻头；2—潜水钻机；3—电缆；4—护筒；5—水管；6—滚轮；7—钻杆；8—电缆盘；9—5 kN 卷扬机；10—10 kN 卷扬机；11—电流电压表；12—启动开关。

图 2-14　潜水钻机成孔示意图

潜水钻机成孔排渣有正循环排渣和泵举反循环排渣两种方式（图 2-15）。

正循环排渣法：在钻孔过程中，旋转的钻头将碎泥渣切削成浆状后，利用泥浆泵压送高压泥浆，经钻机中心管、分叉管送入到钻头底部强力喷出，与切削成浆状的碎泥渣混合，携带泥土沿孔壁向上运动，从护筒的溢流孔排出。

泵举反循环排渣法：砂石泵随主机一起潜入孔内，直接将切削碎泥渣随泥浆抽排出孔外。

冲击钻成孔。冲击钻通过机架、卷扬机把带刃的重钻头（冲击锤）提高到一定高度，靠自由下落的冲击力切削破碎岩层或冲击土层成孔（图 2-16）。冲孔前应埋设钢护筒，并准备好护壁材料。

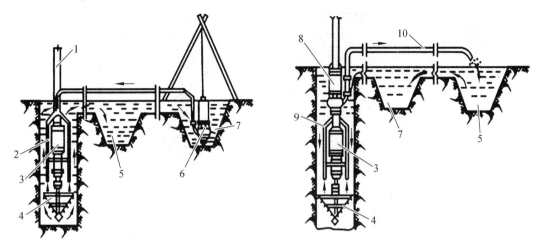

（a）正循环排渣　　　　　　　　　　（b）泵举反循环排渣

1—钻杆；2—送水管；3—主机；4—钻头；5—沉淀池；6—潜水泥浆泵；
7—泥浆池；8—砂石泵；9—抽渣管；10—排渣胶管。

图 2-15　循环排渣方法

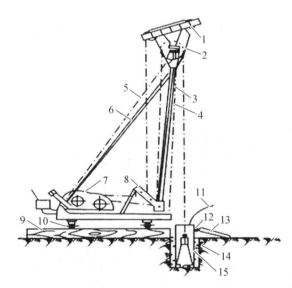

1—副滑轮；2—主滑轮；3—主杆；4—前拉索；5—后拉索；6—斜撑；7—双滚筒卷扬机；8—导向轮；
9—垫木；10—钢管；11—供浆管；12—溢流口；13—泥浆渡槽；14—护筒回填土；15—钻头。

图 2-16　简易冲击钻孔机示意图

冲击钻头形式有十字形、工字形、人字形等，一般常用十字形冲击钻头（图 2-17）。

冲抓锥成孔。冲抓锥（图 2-18）锥头上有一重铁块和活动抓片，通过机架和卷扬机将冲抓锥提升到一定高度，下落时松开卷筒刹车，抓片张开，锥头便自由下落冲入土中，然后开动卷扬机提升锥头，这时抓片闭合抓土。冲抓锥整体提升至地面上卸去土渣，依次循环成孔。该法成孔直径为 450～600 mm，成孔深度 10 m 左右，适用于松软土层（砂土、黏土）中冲孔，但遇到坚硬土层时宜换用冲击钻施工。

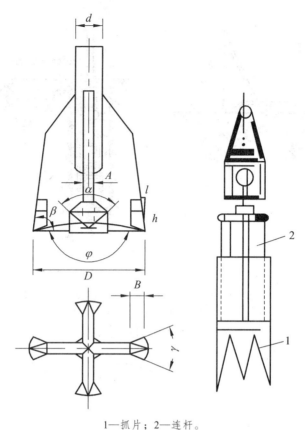

1—抓片；2—连杆。

图 2-17　十字形冲击钻头

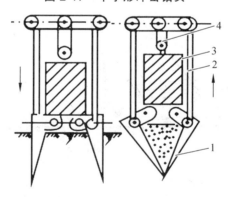

（a）抓土　　　　（b）提土

1—抓片；2—连杆；3—压重；4—滑轮组。

图 2-18　冲抓锥头

回转钻成孔。回转钻成孔（图 2-19）是我国灌注桩施工中最常用的方法之一。按排渣方式不同也分为正循环回转钻成孔和反循环回转钻成孔两种。

正循环回转钻成孔由钻机回转装置带动钻杆和钻头固转切削破碎岩土，由泥浆泵往钻杆输进泥浆，泥浆沿孔壁上升，从孔口溢浆孔溢出流入泥浆池，经沉淀处理返回循环池。正循环成孔泥浆的上返速度低，携带土粒直径小，排渣能力差，岩土重复破碎现象严重，适用于填土、淤泥、黏土、粉土、砂土等地层，对于卵砾石含量不大 15%，粒径小于 10 mm 的部分砂卵砾石层和软质基岩及较硬基岩也可使用。

图 2-19　回转钻机示意图

反循环回转钻成孔是由钻机回转装置，动钻杆和钻头回转切削破碎岩土，利用泵吸、气举、喷射等措施抽吸循环护壁泥浆，挟带钻渣从钻杆内腔抽吸出孔外的成孔方法。

E. 清孔。当钻孔达到设计要求深度并经检查合格后，应立即进行清孔，目的是清除孔底沉渣以减少桩基的沉降量，提高承载能力，确保桩基质量。清孔方法有真空吸泥渣法、射水抽渣法、换浆法和掏渣法。

对以原土造浆的钻孔，可使钻机空转不进尺，同时注入清水，等孔底残余的泥块已磨浆，排出泥浆比重降至 1.1 左右（以手触泥浆无颗粒感觉），即可认为清孔已合格。对注入制备泥浆的钻孔，可采用换浆法清孔，至换出泥浆比重小于 1.15 ~ 1.25 为合格。

F. 吊放钢筋笼。清孔后应立即安放钢筋笼、浇混凝土。钢筋笼一般都在工地制作，制作时要求主筋环向均匀布置，箍筋直径及间距、主筋保护层、加劲箍的间距等均应符合设计要求。分段制作的钢筋笼，其接头采用焊接且应符合施工及验收规范的规定。吊放钢筋笼时应保持垂直缓慢放入，防止碰撞孔壁。若造成塌孔或安放钢筋笼时间太长，应进行二次清孔后再浇筑混凝土。

G. 水下混凝土浇筑。泥浆护壁成孔灌注桩的水下混凝土浇筑常用导管法，混凝土强度等级不低于 C20，坍落度为 18 ~ 22 cm，导管一般用无缝钢管制作，直径为 200 ~ 300 mm，每节长度为 2 ~ 3 m，最下一节为脚管，长度不小于 4 m，各节管用法兰盘和螺栓连接。

（2）干作业成孔灌注桩。干作业成孔灌注桩适用于地下水位以上的干土层中桩基的成孔施工。施工设备主要有螺旋钻机、钻孔扩机、机动或人工洛阳铲等。但在施工中，一般采用螺旋钻成孔（图 2-20）。螺旋钻头外径分别为 ϕ400 mm、ϕ500 mm、ϕ600 mm，钻孔深度相应为 12 m、10 m、8 m。

图 2-20　螺旋钻孔机

干作业成孔灌注桩施工流程一般为：场地清理→测量放线定桩位→桩机就位→钻孔取土成孔→清除孔底沉渣→成孔质量检查验收→吊放钢筋笼→浇筑孔内混凝土（图 2-21）。为了确保成桩质量，施工过程中应注意以下几点：

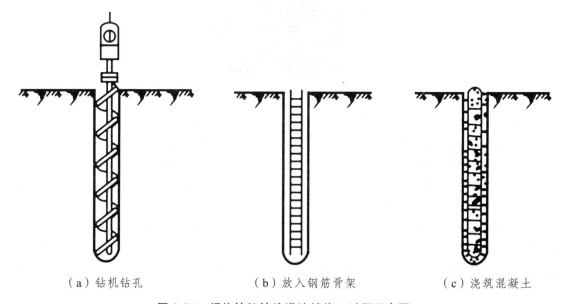

（a）钻机钻孔　　　　　　（b）放入钢筋骨架　　　　　　（c）浇筑混凝土

图 2-21　螺旋钻机钻孔灌注桩施工过程示意图

① 钻机钻孔前，应做好现场准备工作。钻孔场地必须平整、碾压或夯实，雨季施工时需要加白灰碾压以保证钻孔行车安全。

② 钻机按桩位就位时，钻杆要垂直对准桩位中心，放下钻机使钻头触及土面。钻孔时，开动转轴旋动钻杆钻进，先慢后快，避免钻杆摇晃，并随时检查钻孔偏移，有问题应及时纠正。施工中应注意钻头在穿过软硬土层交界处时，保持钻杆垂直，缓慢进尺。在含砖头、瓦块的杂填土或含水量较大的软塑黏性土层中钻进时，应尽量减小钻杆晃动，以免扩大孔径及增加孔底虚土。当出现钻杆跳动、机架摇晃、钻不进等异常现象，应立即停钻检查。钻进过程中应随时清理孔口积土，遇到地下水、缩孔、坍孔等异常现象，应会同有关单位研究处理。

③ 钻孔至要求深度后，可用钻机在原处空转清土，然后停止回转，提升钻杆卸土。如孔底虚土超过容许厚度，可用辅助掏土工具或二次投钻清底。清孔完毕后应用盖板盖好孔口。

④ 桩孔钻成并清孔后，先吊放钢筋笼，后浇筑混凝土。为防止孔壁坍塌，避免雨水冲刷，成孔经检查合格后，应及时浇筑混凝土。若土层较好，没有雨水冲刷，从成孔至混凝土浇筑的时间间隔，也不得超过 24 h。灌注桩的混凝土强度等级不得低于 C15，坍落度一般采用 80～100 mm；混凝土应连续浇筑，分层捣实，每层的高度不得大于 1.50 m；当混凝土浇筑到桩顶时，应适当超过桩顶标高，以保证在凿除浮浆层后，使桩顶标高和质量能符合设计要求。

（3）常见工程质量事故及处理方法。泥浆护壁成孔灌注桩施工时常易发生孔壁坍塌、斜孔、孔底隔层、夹泥、流砂等工程问题，水下混凝土浇筑属隐蔽工程，一旦发生质量事故难以观察和补救，所以应严格遵守操作规程，在有经验的工程技术人员指导下认真施工，并做好隐蔽工程记录，以确保工程质量。

① 孔壁坍塌。孔壁坍塌指成孔过程中孔壁土层不同程度坍落。主要原因是提升下落冲击锤、掏渣筒或钢筋骨架时碰撞护筒及孔壁；护筒周围未用黏土紧密填实，孔内泥浆液面下降，孔内水压降低等造成塌孔。塌孔处理方法有：一是在孔壁坍塌段用石子黏土投入，重新开钻，并调整泥浆容重和液面高度；二是使用冲孔机时，填入混合料后低锤密击，使孔壁坚固后，再正常冲击。

② 偏孔。偏孔指成孔过程中出现孔位偏移或孔身倾斜。偏孔的主要原因是桩架不稳固，导杆不垂直或土层软硬不均。对于冲孔成孔，则可能是由于导向不严格或遇到探头石及基岩倾斜所引起的。处理方法为：将桩架重新安装牢固，使其平稳垂直；如孔的偏移过大，应填入石子黏土，重新成孔；如有探头石，可用取岩钻将其除去或低锤密击将石击碎；如遇基岩倾斜，可以投入毛石于低处，再开钻或密打。

③ 孔底隔层。孔底隔层指孔底残留石砟过厚，孔脚涌进泥砂或塌壁泥土落底。造成孔底隔层的主要原因是清孔不彻底，清孔后泥浆浓度减少或浇筑混凝土、安放钢筋骨架时碰撞孔壁造成塌孔落土。主要防治方法为：做好清孔工作，注意泥浆浓度及孔内水位变化，施工时注意保护孔壁。

④ 夹泥或软弱夹层。夹泥或软弱夹层指桩身混凝土混进泥土或形成浮浆泡沫软弱夹层。其形成的主要原因是浇筑混凝土时孔壁对坍塌或导管口埋入混凝土高度太小，泥浆被喷翻，掺入混凝土中。防治措施是：经常注意混凝土表面高程变化，保持导管下口埋入混凝土表面高程变化，保持导管下口埋入混凝土下的高度，并应在钢筋笼下放孔内 4 h 内浇筑混凝土。

⑤ 流砂。指成孔时发现大量流砂涌塞孔底。流砂产生的原因是孔外水压力比孔内水压力大，孔壁土松散。流砂严重时可抛入碎砖石、黏土，用锤冲入流砂层，防止流砂涌入。

2．沉管灌注桩

沉管灌注桩是指利用锤击打桩法或振动打桩法，将带有活瓣式桩靴或预制钢筋混凝土桩尖的钢管沉入土中，然后边浇筑混凝土（或先在管内放入钢筋笼）边锤击或振动拔管而成。前者称为锤击沉管灌注桩，后者称为振动沉管灌注桩。

（1）锤击沉管灌注桩。锤击沉管灌注桩是采用落锤、蒸汽锤或柴油锤将钢套管沉入土中成孔，然后灌注混凝土或钢筋混凝土，抽出钢管而成。其施工设备如图 2-22 所示。

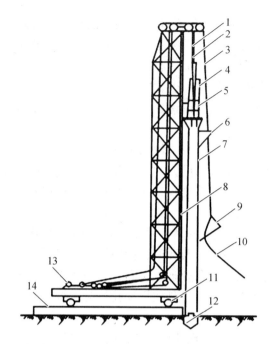

1—钢丝绳；2—滑轮组；3—吊斗钢丝绳；4—桩锤；
5—桩帽；6—混凝土漏斗；7—套管；8—桩架；
9—混凝土吊斗；10—回绳；11—钢管；
12—桩尖；13—卷扬机；
14—枕木。

图 2-22　锤击沉管灌注桩桩机

锤击沉管灌注桩的施工方法如下：

施工时，先将桩机就位，吊起桩管，垂直套入预先埋好的预制混凝土桩尖，压入土中。桩管与桩尖接触处应垫以稻草绳或麻绳垫圈，以防地下水渗入管内。当检查桩管与桩锤、桩架等在同一垂直线上（偏差≤5%）即可在桩管上扣上桩帽，起锤沉管。先用低锤轻击，观察需无偏移后方可进入正常施工，直至符合设计要求深度，并检查管内有无泥浆或水进入，即可灌注混凝土。桩管内混凝土应尽量灌满，然后开始拔管。拔管要均匀，第一次拔管高度控制在能容纳第二次所需灌入的混凝土量为限，不宜拔管过高。拔管时应保持连续密锤低击不停，并控制拔出速度，对一般土层，以不大于 1 m/min 为宜；在软弱土层及软硬土层交界处，应控制在 0.8 m/min 以内。桩锤冲击频率，视锤的类型而定：单动汽锤采用倒打拔管，频率不低于 70 次/min，自由落锤轻击不得少于 50 次/min。在管底未拔到桩顶设计标高之前，倒打或轻击不得中断。拔管时应注意使管内的混凝土量保持略高于地面，直到桩管全部拔出地面为止。

上面所述的这种施工工艺称为单打灌注桩的施工。为了提高桩的质量和承载能力，常采用复打扩大灌注桩。其施工方法是在第一次单打法施工完毕并拔出桩管后，清除桩管外壁上和桩孔周围地面上的污泥，立即在原桩位上再次安放桩尖，再作第二次沉管，使未凝固的混凝土向四周挤压扩大桩径，然后灌注第二次混凝土，拔管方法与第一次相同。复打施工时要注意前后两次沉管的轴线应重合，复打必须在第一次灌注的混凝土初凝之前进行。

（2）振动沉管灌注桩。振动沉管灌注桩是采用激振器或振动冲击锤将钢套管沉入土中成孔而成的灌注桩，沉管原理与振动沉桩完全相同。其施工设备如图 2-23 所示。

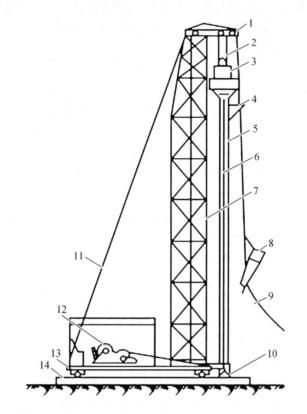

1—滑轮；2—滑轮组；3—激振器；4—混凝土漏斗；5—桩管；
6—加压钢丝绳；7—桩架；8—混凝土吊斗；9—回绳；
10—活瓣桩靴；11—缆风绳；12—卷扬机；
13—行驶用钢管；14—枕木

图 2-23　振动沉管灌注桩桩机

振动沉管灌注桩的施工方法如下：

施工时，先安装好桩机，将桩管下端活瓣合起来，对准桩位，徐徐放下桩管，压入土中，勿使偏斜，即可开动激振器沉管。当桩管下沉到设计要求的深度后，便停止振动，立即利用吊斗向管内灌满混凝土，并再次开动激振器，进行边振动边拔管，同时在拔管过程中继续向管内浇筑混凝土。

如此反复进行，直至桩管全部拔出地面后即形成混凝土桩身。

振动灌注桩可采用单振法、反插法或复振法施工。

① 单振法。在沉入土中的桩管内灌满混凝土，开动激振器 5~10 s，开始拔管，边振边拔。每拔 0.5~1.0 m，停拔振动 5~10 s。如此反复，直到桩管全部拔出。在一般土层内拔管速度宜为 1.2~1.5 m/min，在较软弱土层中，不得大于 0.8~1.0 m/min。单振法施工速度快，混凝土用量少，但桩的承载力低，适用于含水量较少的土层。

② 反插法。在桩管内灌满混凝土后,先振动再开始拔管。每次拔管高度 0.5~1.0 m,向下反插深度 0.3~0.5 m。如此反复进行并始终保持振动,直至桩管全部拔出地面。反插法能扩大桩的截面,从而提高了桩的承载力,但混凝土耗用量较大,一般适用于饱和软土层。

③ 复振法。施工方法及要求与锤击沉管灌注桩的复打法相同。

（3）施工中常遇问题及处理。

① 断桩。断桩一般都发生在地面以下软硬土层的交接处,并多数发生在黏性土中,砂土及松土中则很少出现。产生断桩的主要原因是:桩距过小,受邻桩施打时挤压的影响,桩身混凝土终凝不久就受到振动和外力,以及软硬土层间传递水平力大小不同,对桩产生剪应力等。处理方法是经检查有断桩后,应将断桩段拔去,略增大桩的截面面积或加箍筋后,再重新浇筑混凝土。或者在施工过程中采取预防措施,如施工中控制桩中心距不小于 3.5 倍桩径,采用跳打法或控制时间间隔的方法,使邻桩混凝土达设计强度等级的 50% 后,再施打中间桩等。

② 瓶颈桩。瓶颈桩是指桩的某处直径缩小形似"瓶颈",其截面面积不符合设计要求。多数发生在黏性土、土质软弱、含水率高,特别是饱和的淤泥或淤泥质软土层中。产生瓶颈桩的主要原因是:在含水率较大的软弱土层中沉管时,土受挤压便产生很高的孔隙水压,拔管后便挤向新灌的混凝土,造成缩颈。拔管速度过快,混凝土量少、和易性差,混凝土出管扩散性差也造成缩颈现象。处理方法是:施工中应保持管内混凝土略高于地面,使之有足够的扩散压力,拔管时采用复打或反插办法,并严格控制拔管速度。

③ 吊脚桩。吊脚桩是指桩的底部混凝土隔空或混进泥砂而形成松散层部分的桩。其产生的主要原因是:预制钢筋混凝土桩尖承载力或钢活瓣桩尖刚度不够,沉管时被破坏或变形,因而水或泥砂进入桩管;拔管时桩靴未脱出或活瓣未张开,混凝土未及时从管内流出等。处理方法是:应拔出桩管,填砂后重打;或者可采取密振动慢拔,开始拔管时先反插几次再正常拔管等预防措施。

④ 桩尖进水进泥。桩尖进水进泥常发生在地下水位高或含水量大的淤泥和粉泥土土层中。产生的主要原因是:钢筋混凝土桩尖与桩管接合处或钢活瓣桩尖闭合不紧密;钢筋混凝土桩尖被打破或钢活瓣桩尖变形等所致。处理方法是:将桩管拔出,清除管内泥砂,修整桩尖钢活瓣变形缝隙,用黄砂回填桩孔后再重打;若地下水位较高,待沉管至地下水位时,先在桩管内灌入 0.5 m 厚度的水泥砂浆作封底,再灌 1 m 高度混凝土增压,然后再继续下沉桩管。

3．人工挖孔灌注桩

人工挖孔灌注桩是指桩孔采用人工挖掘方法进行成孔,然后安放钢筋笼,浇筑混凝土而成的桩。其施工特点是:设备简单;无噪声、无振动、不污染环境,对施工现场周围原有建筑物的影响小;施工速度快,可按施工进度要求决定同时开挖桩孔的数量,必要时,各桩孔可同时施工;土层情况明确,可直接观察到地质变化,桩底沉渣能清除干净,施工质量可靠。尤其当高层建筑选用大直径的灌注桩,而其施工现场又在狭窄的市区时,采用人工挖孔比机械挖孔具有更大的适应性。但其缺点是人工耗量大,开挖效率低,安全操作条件差等。其施工设备一般可根据孔径、孔深和现场具体情况加以选用,常用的有:电动葫芦、提土桶、潜水泵、鼓风机和输风管、镐、锹、土筐、照明灯、对讲机及电铃等。

（1）施工方法。

人工挖孔灌注桩在施工时，为确保挖土成孔施工安全，必须考虑预防孔壁坍塌和流砂现象发生的措施。因此，施工前应根据水文地质资料，拟订出合理的护壁措施和降排水方案，护壁方法很多，可以采用现浇混凝土护壁、喷射混凝土护壁、混凝土沉井护壁、砖砌体护壁、钢套管护壁、型钢-木板桩工具式护壁等多种。下面介绍应用较广的现浇混凝土护壁时人工挖孔桩的施工工艺流程。

① 按设计图纸放线、定桩位。

② 开挖桩孔土方。采取分段开挖，每段高度取决于土壁保持直立状态而不塌方的能力，一般取 0.5 ~ 1.0 m 为一施工段。开挖范围为设计桩径加护壁的厚度。

③ 支设护壁模板。模板高度取决于开挖土方施工段的高度，一般为 1 m，由 4 块至 8 块活动钢模板组合而成，支成有锥度的内模。

④ 放置操作平台。内模支设后，吊放用角钢和钢板制成的两半圆形合成的操作平台入桩孔内，置于内模顶部，以放置料具和浇筑混凝土操作之用。

⑤ 浇筑护壁混凝土。护壁混凝土起着防止土壁塌陷与防水的双重作用，因而浇筑时要注意捣实。上下段护壁要错位搭接 50 ~ 70 mm（咬口连接）以便起连接上下段之用。

⑥ 拆除模板继续下段施工。当护壁混凝土达到 1 MPa（常温下约经 24 h 后），方可拆除模板，开挖下段的土方，再支模浇筑护壁混凝土，如此循环，直至挖到设计要求的深度。

⑦ 排出孔底积水，浇筑桩身混凝土。当桩孔挖到设计深度，并检查孔底土质是否已达到设计要求后，再在孔底挖成扩大头。待桩孔全部成型后，用潜水泵抽出孔底的积水，然后立即浇筑混凝土。当混凝土浇筑至钢筋笼的底面设计标高时，再吊入钢筋笼就位，并继续浇筑桩身混凝土而形成桩基。

（2）安全措施。

人工挖孔桩的施工安全应予以特别重视。工人在桩孔内作业，应严格按安全操作规程施工，并有切实可靠的安全措施。孔下操作人员必须戴安全帽；孔下有人时孔口必须有监护人员；护壁要高出地面 150 ~ 200 mm，以防杂物滚入孔内；孔内必须设置应急软爬梯；供人员上下井，使用的电葫芦、吊笼等应安全可靠并配有自动卡紧保险装置，不得使用麻绳和尼龙绳吊挂或脚踏井壁凸缘上下。使用前必须检验其安全起吊能力；每日开工前必须检测井下的有毒有害气体，并应有足够的安全防护措施。桩孔开挖深度超过 10 m 时，应有专门向井下送风的设备。

孔口四周必须设备护栏。挖出的土石方应及时运离孔口，不得堆放在孔口四周 1 m 范围内，机动车辆的通行不得对井壁的安全造成影响。

施工现场的一切电源、电路的安装和拆除必须由持证电工操作；电器必须严格接地、接零和使用漏电保护器。各孔用电必须分闸，严禁一闸多用。孔上电缆必须架空 2.0 m 以上，严禁拖地和埋压土中，孔内电缆、电线必须有防磨损、防潮、防断等保护措施。照明应采用安全矿灯或 12 V 以下的安全灯。

4. 爆扩灌注桩

爆扩灌注桩（简称爆扩桩）是用钻孔或爆扩法成孔，孔底放入炸药，再灌入适量的混凝土，然后引爆，使孔底形成扩大头，此时，孔内混凝土落入孔底空腔内，再放置钢筋骨架，浇筑桩身混凝土而制成的灌注桩（图 2-24）。

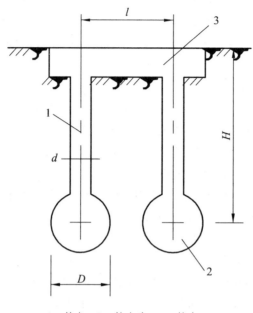

1—桩身；2—扩大头；3—桩台。

图 2-24　爆扩桩示意图

爆扩桩在黏性土层中使用效果较好，但在软土及砂土中不易成型，桩长（H）一般为 3～6 m，最大不超过 10 m。扩大头直径 D 为（2.5～3.5）d。这种桩具有成孔简单、节省劳力和成本低等优点，但质量不便检查，施工要求较严格。

（1）施工方法。

爆扩桩的施工一般可采取桩孔和扩大头分两次爆扩形成，其施工过程如图 2-25 所示。

① 成孔。爆扩桩成孔的方法可根据土质情况确定，一般有人工成孔（洛阳铲或手摇钻）、机钻成孔、套管成孔和爆扩成孔等多种。其中爆扩成孔的方法是先用洛阳铲或钢钎打出一个直孔，孔的直径一般为 40～70 mm，当土质差且地下水又较高时孔的直径约为 100 mm，然后在直孔内吊入玻璃管装的炸药条，管内放置 2 个串联的雷管。经引爆并清除积土后即形成桩孔。

② 爆扩大头。扩大头的爆扩，宜采用硝铵炸药和电雷管进行，且同一工程中宜采用同一种类的炸药和雷管。炸药用量应根据设计所要求的扩大头直径，由现场试验确定。药包必须用塑料薄膜等防水材料紧密包扎，并用防水材料封闭以防浸受潮。药包宜包扎成扁圆球形使炸出的扩大头面积较大。药包中心最好并联放置两个雷管，以保证顺利引爆。药包用绳吊下安放于孔底正中，如孔中有水，可加压重物以免浮起，药包放正后上面填盖 150～200 mm 厚的砂子，保证药包不受混凝土冲破。随着从桩孔中灌入一定量的混凝土后，即进行扩大头的引爆。

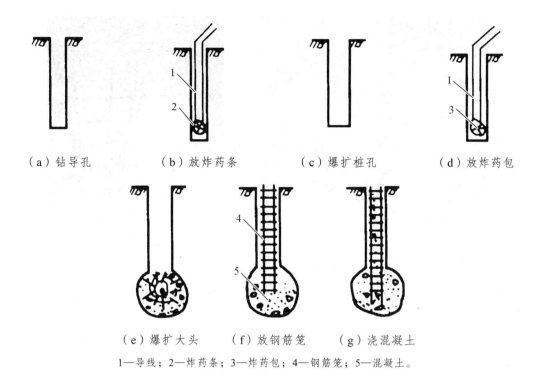

（a）钻导孔　　　（b）放炸药条　　　（c）爆扩桩孔　　　（d）放炸药包

（e）爆扩大头　　　（f）放钢筋笼　　　（g）浇混凝土

1—导线；2—炸药条；3—炸药包；4—钢筋笼；5—混凝土。

图 2-25　爆扩灌注桩施工工艺图

（2）施工中常见问题。

① 拒爆。拒爆又称"瞎炮"，就是通电引爆时药包不爆炸。产生的原因主要有：炸药或雷管保存不当，受潮或过期失效，药包进水失效，导线被弄断，接线错误等。

② 拒落。拒落又称"卡脖子"。产生的原因主要有：混凝土骨料粒径过大，坍落度过小，灌入的压爆混凝土数量过多，引爆时混凝土已初凝，以及土质干燥和土质中夹有软弱土层引爆后产生缩颈等。其中混凝土坍落度过小是产生拒落事故最常见的原因。

③ 回落土。回落土就是在桩孔形成之后，由于孔壁土质松散软弱，邻近桩爆扩振动的影响，采取爆扩成孔时孔口处理不当，以及雨水冲刷浸泡等而造成孔壁的坍塌，回落孔底。回落土是爆扩桩施工中较为普遍的现象。桩孔底部有了回落土，将会在扩大头混凝土与完好的持力层之间形成一定厚度的松散土层，从而使桩产生较大的沉降值，或者由于大量回落土混入混凝土中而显著降低其强度。因此必须重视回落土的预防和处理。

④ 偏头。偏头就是扩大头不在规定的桩孔位置而是偏向一边。产生的原因主要是由于扩大头处的土质不均匀；药包放的位置不正；桩距过小以及引爆程序不适当等造成的。扩大头产生偏头后，整根爆扩桩将改变受力性能，处于十分不利的状态，因而施工时要引起足够的重视。

2.3.2　装配式建筑基础定位钢筋施工

（1）装配式建筑基础施工过程中要安装定位插筋、钢板，见图 2-26。保证基础与上部墙、柱构件连接精准。施工前检查预留钢筋位置长度是否准确，并进行修整。

图 2-26 基础定位钢筋示例

（2）基础预留插筋与墙、柱构件预埋注浆管逐根对应，全部准确插入注浆管后，构件缓慢下降。最后灌浆处理。

习 题

1. 基础施工注意事项。
2. 基础定位钢筋的留设要求。
3. 振动灌注桩可采用哪种施工方法。
4. 装配式建筑构件识读。

3 主体工程施工

3.1 构件放样定位、布置及吊装方法

3.1.1 构件放样定位

外控线、楼层主控线，楼层轴线，构件边线等放样定位流程如图 3-1 所示。

图 3-1 轴线定位流程图

具体操作如下：

（1）根据建设方提供的规划红线图采用全球定位系统（Global Positioning System，GPS）定位仪将建筑物的 4 个角点投设到施工作业场地，打入定位桩，将控制桩延长至安全可靠位置，作为主轴线定位桩位置（注意将其保护好），如图 3-2 所示。

图 3-2 定位桩位置

（2）采用"内控法"放线，待基础完成后，使用经纬仪通过轴线控制桩在 ±0.00 上放出各个轴线控制标记，连接标记弹设墨线形成轴线，依次放出其他轴线。

（3）通过轴线弹出 1 m 控制线，选择某个控制线相交点作为基准点（基准点埋设采用

15 cm × 15 cm × 8 cm 钢板制作，川钢针刻画出"＋"子线），以方便下一个楼层轴线定位桩引测。

（4）浇筑混凝土时，预留控制线引测孔，底层放置垂直仪，调整激光束得到最小光斑，移动接收靶，使接收靶的"十"字焦点移至激光斑点上，在预留孔的另一处放置垂准仪和接收靶，用经纬仪找准接受靶上激光斑点，然后弹出 1 m 控制线，重复上述操作弹出剩余控制线，根据控制线弹田墙板轴线，墙板边 200 mm 控制线。

需要注意的是控制边线依次弹出以下各项：

① 外墙板：墙板定位轴线和外轮廓线。

② 内墙板：墙板两侧定位轴线和轮廓线。

③ 叠合梁：梁底标高控制线（在柱上梁边控制线）。

④ 预制柱：中柱以轴线和外轮廓线为准边柱和角柱以外轮廓线为准。

⑤ 叠合板，阳台板：四周定位点，由墙面宽度控制点定出。

（5）轴线放线偏差不得超过 2 mm，当放线遇有连续偏差时，应考虑从建筑物一条轴线向两侧调整，即原则上以中心线控制位置，误差由两边分摊。

（6）标高点布置位置需有专项方案，标高点应有专人复核。根据标高点布置位置使用经纬仪进行测量，要求一次测量到位。预制柱和剪力墙板等竖向构件安装，首先确定支垫标高：若支垫采用螺栓方式，旋转螺栓到设计标高；若采用钢垫板方式，准备不同厚度的垫板调整到设计高度，而叠合楼板、叠合梁、阳台板等水平构件则测量控制下部构件支撑部位的顶面标高，构件安装好后再测量调整其预制构件的顶面标高和平整度。其中，测量楼层标高点偏差不得超过 3 mm。

3.1.2　PC 构件平面布置

传统的建筑现场管理存在诸多弊端，但近十多年以来，随着各地主管部门的监管水平的不断提升，监管力度的逐渐加大，以及一些优秀企业的大量示范，整个现场管理水平都得到了大幅度提升。但仍然有一些问题很难解决。比如夜间施工噪音扰民的问题、现场扬尘的问题、劳动力短缺的问题，以及由此带来的质量通病问题。这些问题，仅依靠管理提升似乎难以很好地解决。而由建筑工业化所支持的装配式建筑，则可以较好地解决上述问题。

任何美好事物的出现，都不是一蹴而就的，是一个循序渐进、不断试错、不断完善的过程，这里面常常伴随的是付出与汗水。装配式建筑确实可以解决很多传统建筑的问题，比如，装配式建筑更先进、更环保、品质更可靠等等。同时也产生了很多新的难题，这些难题如果不重视，并进行系统解决，则又将产生新的问题或通病。

在不断地实践之中，我们发现，装配式建筑的现场管理与传统现场相比，有三个方面的重点问题和门道要引起高度重视，而且这些问题要在项目启动之前进行系统解决，不能留到现场边干边改。

首先是现场总装计划。施工计划管理在传统项目管理中也很重要，但如果出了问题，解决起来没那么难。因为传统建筑业是一个生产力高度发达的行业，各种资源供应体系非常发达。理论上，建筑工地需要什么资源都可以在极短的时间配置到位。

而 PC 装配式建筑不同，它比传统建筑多了 PC 构件，这是一个最大的不同点。PC 构件有两大特点，一是单个构件很重，不易移动；二是必须在工厂提前预制养护好，再运到现场。

这就对计划工作提出了很高的要求。要精确计算每一个楼层有多少 PC 构件？如何分门别类编号？并提前向 PC 工厂发出需求进行订制。需求发早了，PC 工厂堆放不下，造成了库存，需求发晚了 PC 工厂无法制造出来，影响了施工进度。同时，在运输的过程中，如果漏装或损坏一个 PC 构件，现场其他工作都要停摆，出现等工现象，浪费极大。另外，如果 PC 构件进场顺序不对，需要在现场对构件进行调整，这样的难度是很大的，既费时，又费力。

那如何做好计划呢？PC 装配式建筑项目管理计划工作，要抓住一个核心，即一切以"PC 构件吊装"为计划的核心。其他一切要服从于这个计划，并以 PC 构件为核心来配置各种资源。只有这么做，一切问题才抓到了根本，手忙脚乱的现场马上就会紧张而有序了。

传统建筑业的施工管理在项目现场工作就可以了，装配式建筑的计划管理则不然，必须往前深入到 PC 工厂。如果工厂供应出错，短时间是无法解决的，因为资源的保障发生了重大变化，以前是无限供应，现在是订制化供应。所以，要做好计划，必须适应这些新变化。

第二是现场总平布置。对传统建筑现场而言这是再熟悉不过的问题了。但对于 PC 装配式工地而言，因为 PC 构件的存在，新情况出现了。

第一个问题是垂直吊装问题，此前，不要求太精确计算。如果塔吊覆盖不了的地方就用人工。因为都是散件，可以拆分，没有太大障碍。而现在面对的是几吨甚至十来吨的 PC 构件，方法就大不一样了。在总平面布置时，必须对吊装进行精确计算。最远吊距是多长？最大起吊重量是多少？什么吨位的塔吊最经济划算？如果事先计算错误，只要有一个构件无法吊装到位，就会遇到大麻烦。这时，人工是搬不动的，可以说，基本没办法解决。所以说，垂直起吊设备的型号选择，是一个极关键之处，型号偏小会造成上述问题，型号偏大会造成成本增加，任何马虎都将带来不可估量的损失。

第二个重要问题是 PC 构件运输进场时带来的交通布置问题。因为 PC 构件运输车荷载量很大，必须考虑一次运输到位在吊点附近卸车，而不能二次转运。这就要求场内运输道路必须认真规划，既要考虑重载汽车的回转要求，又要考虑道路本身的承载能力。这两者如有任何一方面出问题，在项目管理现场都会混乱不堪，并且产生很多附加成本。

第三是总装建筑品质。国家为什么要大力推广装配式建筑？装配式建筑为什么可以叫作建筑业的转型升级？这其中一个重要原因就是装配式建筑的品质更好。原来的传统建筑难以克服的一些质量通病，诸如外墙渗水、抹灰空鼓、开裂、几何尺寸偏差等一系列问题，从理论上说，靠手工是很难根除的。装配式建筑的出现，恰好能解决这些通病。

但是，装配式建筑解决了老问题，并不是万事大吉了。很有可能会产生新的质量隐患。如果不高度重视，新的问题又将严重抵消技术进步所带来的好处，甚至问题还会更加严重。

因此构件的现场布置是否合理，对提高吊装效率、保证吊装质量及减少二次搬运都有密切关系。因此，构件的布置也是多层框架吊装的重要环节之一。其原则是：

（1）尽可能布置在起重半径的范围内，以免二次搬运；

（2）重型构件靠近起重机布置，中小型则布置在重型构件外侧；

（3）构件布置地点应与吊装就位的布置相配合，尽量减少吊装时起重机的移动和变幅；

（4）构件迭层预制时，应满足安装顺序要求，先吊装的底层构件在上，后吊装的上层构件在下。

装配式钢筋混凝土框架结构柱一般需在现场就地预制外，其他构件一般都在工厂集中预制后运往施工现场安装，布置时应先予考虑柱。其布置方式，有与塔式起重机轨道相平行、倾斜及垂直三种方案（如图3-3）。

平行布置的优点是可以将几层柱通长预制，能减少柱接头的偏差。倾斜布置可用旋转法起吊，适用于较长的柱。当起重机在跨内开行时，为了使柱的吊点在起重半径范围内，柱宜与房屋垂直布置。

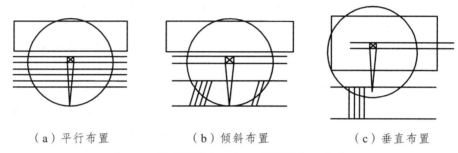

（a）平行布置　　　　　　　（b）倾斜布置　　　　　　　（c）垂直布置

图 3-3　使用塔式起重机吊装柱的布置方案

3.1.3　结构吊装方法

装配式框架结构安装方法：分件安装法；综合安装法。

分件安装法是起重机每开行一次吊装一种构件，如先吊装柱，再吊装梁，最后吊装板。分件安装法又分为分层分段流水作业及分层大流水两种。

采用综合安装法吊装构件时，一般以一个节间或几个节间为一个施工段，以房屋的全高为一个施工层来组织各工序的施工，起重机把一个施工段的所有构件按设计要求安装至房屋的全高后，再转入下一个施工段施工。

1. 结构构件安装

（1）柱子的安装与校正。

框架结构柱截面一般为方形或矩形，为了预制和安装的方便，各层柱截面应尽量保持不变。柱长度一般1~2层楼高为一节，也可3~4层为一节，视起重性能而定。当采用塔身起重机进行吊装时，以1~2层楼高为宜；对4~5层框架结构，采用履带式起重机进行吊装时，柱长可采用一节到顶的方案。

① 柱的绑扎。

多层框架柱，由于长细比较大，吊装时必须合理选择吊点位置和吊装方法。一般情况下，当柱长在12 m以内时可采用一点绑扎，旋转法起吊。对14~20 m的长柱则应采用两点绑扎起吊。应尽量避免采用多点绑扎，以防止在吊装过程中构件受力不均而产生裂缝或断裂。图3-4为一点绑扎和两点绑扎的示意图。

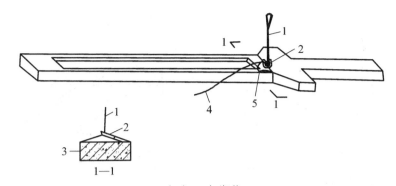

（a）一点绑扎

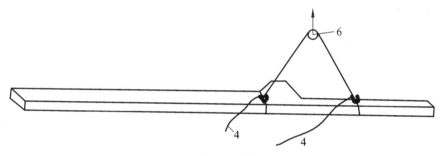

（b）两点绑扎

1—吊索；2—活络卡环；3—柱；4—棕绳；5—铅丝；6—滑车。

图 3-4

② 柱的吊升。

柱子的吊升（图 3-5）方法，根据柱子的重量、现场预制构件情况和起重机性能而定，按起重机的数量可分为单机起吊和双机抬吊；按吊装方法分为旋转法和滑行法。

采用单机吊装时一般采用旋转法和滑行法。

图 3-5　预制框架柱的吊升

A. 旋转法（见图 3-6）起重机边起钩、边旋转，使柱身绕柱脚旋转而逐渐吊起的方法称为旋转法。其要点是保持柱脚位置不动，并使柱的吊点、柱脚中心和杯中心三点共圆。

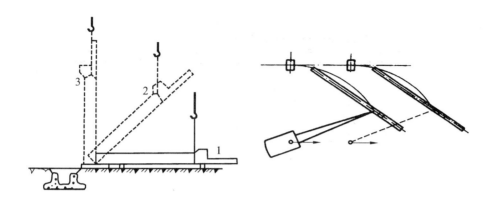

（a）旋转过程　　　　　　　　　　（b）平面布置

1—柱子平卧时；2—起吊中途；3—直立。

图 3-6　旋转法吊柱示意图

B. 滑行法。起吊时起重机不旋转，只起升吊钩，使柱脚在吊钩上升过程中沿着地面逐渐向前滑行，直至柱身直立的方法称为滑行法。其要点是柱的吊点要布置在杯旁，并与杯口中心两点共圆弧（见图 3-7）。

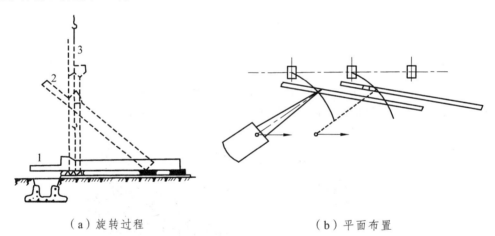

（a）旋转过程　　　　　　　　　　（b）平面布置

1—柱子平卧时；2—起吊中途；3—直立。

图 3-7　滑行法吊柱示意图

③ 柱的临时固定与校正。

柱子安装就位后需立即进行临时固定，目前工程上大多采用环式固定器或管式支撑进行临时固定。

柱的校正一般需要 3 次，第 1 次在脱钩后电焊前进行初校；第 2 次在接头电焊后进行校正，并观测由于钢筋电焊受热收缩不均匀而引起的偏差；第 3 次在梁和楼板安装后校正，以消除梁柱接头因电焊产生的偏差。

柱的校正包括垂直度校正和水平度校正。其垂直度的校正一般采用经纬仪、线坠进行。见图 3-8 所示。

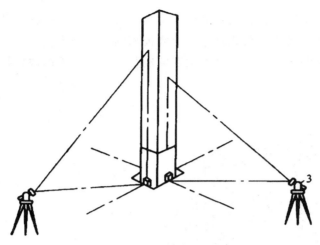

图 3-8　柱子的垂直度校正

（2）梁、板安装。

框架结构的梁有普通梁和叠合梁两种。框架结构的楼板一般根据跨度和楼面荷载选择，可分为预应力空心板、预应力密肋楼板等。板一般都搁在梁上，用细石混凝土浇灌接缝以增强期结构的整体性。梁的安装过程一般有梁的绑扎、起吊、就位、校正和最后固定。板的安装过程与柱和梁的安装过程基本相同。如图 3-9 所示。

图 3-9　将预制的预应力混凝土薄板吊装到预制梁之间

（3）墙板结构构件吊装。

墙板安装前应复核墙板轴线、水平控制线，正确定出各楼层标高、轴线、墙板两侧边线、墙板节点线、门窗洞口位置线、墙板编号及预埋件位置。

墙板安装顺序一般采用逐间封闭法。当房屋较长时，墙板安装宜由房屋中间开始，先安装两间，构成中间框架，称标准间，然后再分别向房屋两端安装。当房屋长度较少时，可由房屋一端的第二开间开始安装，并使其闭合后形成一个稳定结构，作为其他开间安装时的依靠。

墙板安装时，应先安内墙，后安外墙，逐间封闭，随即焊接。这样可减少误差累计，施工结构整体性好，临时固定简单方便。

墙板安装的临时固定设备有操作平台、工具式斜撑、水平拉杆、转角固定器等。在安装标准间时，用操作平台或工具式斜撑固定墙板和调整墙的垂直度。其他开间则可用水平拉杆和转角器进行临时固定，用木靠尺检查墙板垂直度和相邻两块墙板板面的接线。如图3-10所示。

图 3-10 墙板的工具式斜撑

2．构件接头

在装配式框架结构中，构件接头形式和施工质量直接影响整个结构的稳定性和刚度。因此，要选好柱与柱、柱与梁的接头形式。在柱头施工时，应保证钢筋焊接和二次灌浆的质量。

（1）柱接头的形式

柱接头的形式有榫式接头、插入式接头和浆锚式接头三种。

① 榫式接头是上柱和下柱外露的受力钢筋用剖口焊焊接，配置一定数量的箍筋，最后浇灌接头混凝土以形成整体。见图3-11（a）所示。

② 插入式接头是将上柱做成榫头，下柱顶部做成杯口，上柱插入杯口后用水泥砂浆灌筑填实。见图3-11（b）所示。

③ 浆锚式接头是将上柱伸出的钢筋插入下柱的预留孔中，然后用浇筑柱子混凝土所用的水泥配制1∶1水泥砂浆，或用52.5 MPa水泥配制不低于M30的水泥砂浆灌缝锚固上柱钢筋形成整体。见图3-11（c）所示。

（2）梁柱的接头。

装配式框架结构中，柱与梁的接头可做成刚接，也可做成铰接。接头做法很多，常用的有明牛腿式刚性接头、齿槽式梁柱接头、浇筑整体式梁柱接头、钢筋混凝土暗牛腿梁柱接头、型钢暗牛腿梁柱接头等。最常用的接头形式为浇筑整体式。整体式接头将梁与柱、柱与柱节点整体浇筑在一起。如图3-12所示。

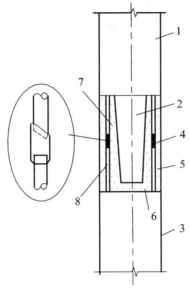

（a）榫式接头

1—上柱；2—上柱榫头；3—下柱；4—剖口焊；5—下柱外伸钢筋；6—砂浆；
7—上柱外伸钢筋；8—后浇接头混凝土。

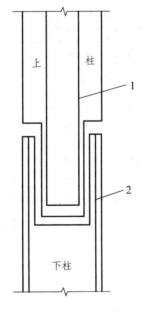

（b）插入式接头

1—榫头纵向钢筋；2—下柱杯口。

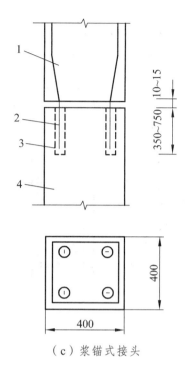

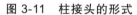

（c）浆锚式接头

1—上柱；2—上柱外伸锚固钢筋；3—浆锚孔；4—下柱。

图 3-11　柱接头的形式

图 3-12　预制框架柱和预制框架梁的现浇节点钢筋构造

3.2　剪力墙结构施工

预制装配式剪力墙结构是因为由大型内外墙板以及叠合的楼板，还有一些预制的混凝土板材和构件装配而成。又叫作预制装配式大板结构，它具有满足抗震设计和可靠节点连接的前提下，其力学模型相当于现浇混凝土剪力墙结构。一些预制的楼板大多是采用叠合的楼板。预制外墙板主要采用的是实心和空心这样两种类型的墙板。

在对预制的空心墙板进行施工时，需要保证结构构件连接的整体性连接性，还要达到相应的抗震的设计要求，在相关的节点的设计方面要满足防止渗漏和热工等构件方面的要求。预制的实心墙板结构操作的关键环节是，怎样解决预制墙板之间的水平缝和竖向的接缝情况，以及水平受力钢筋和竖向实际受力钢筋的连接问题。上面提的预制空心墙板的结构，实际上是预制和现浇进行结合的结构技术。我们在对预制的空心墙板和结合板进行装配之后，还需要布置受力的钢筋，在空心墙板里面和叠合楼板面需要同时浇筑混凝土，从而形成整体的结构。这样进行操结构的主要特点是，整体的结构性能良好，在节点的构造处很容易进行处理，预制的墙板之间存在的水平缝和竖向的缝在实际处理起来很简单，这就可以避免出现接缝开裂方面的问题。但是主要的缺点是需要在现场进行混凝土的浇筑，对于墙板预制方面的工艺设备要求较高，在需要达到七级以上抗震设防的地区和一些高层建筑中，需要解决好受力钢筋实际连接的主要问题。

3.2.1 剪力墙结构施工工艺流程

装配整体式剪力墙结构是住宅建筑中常见的结构体系，其传力途径为楼板→剪力墙→基础→地基，采用剪力墙结构的建筑物室内无突出于墙面的梁、柱等结构构件，室内空间规整。剪力墙结构的主要受力构件剪力墙、楼板及非受力构件墙体、外装饰等均可预制。预制构件种类一般有预制围护构件（包含全预制剪力墙、单层叠合剪力墙、双层叠合剪力墙、预制混凝土夹心保温外墙板、预制叠合保温外墙板、预制围护墙板）、预制剪力墙内墙、全预制梁、叠合梁、全预制板、叠合板、全预制阳台板、叠合阳台板、预制飘窗、全预制空调板、全预制楼梯、全预制女儿墙等。其中，预制剪力墙的竖向连接可采用螺栓连接、钢筋套筒灌浆连接、钢筋浆锚搭接连接；预制围护墙板的竖向连接一般采用螺纹盲孔灌浆连接。

剪力墙结构施工工艺流程为引测控制轴线→楼面弹线→水平标高测量→钢筋调整→粘贴橡塑棉条→预制墙板逐块安装（控制标高垫块放置→起吊、就位→临时固定→脱钩、校正→锚固筋安装、梳理）→塞缝→墙体灌浆→现浇剪力墙钢筋绑扎（机电暗管预埋）→剪力墙模板→剪力墙混凝土浇筑→墙体拆模→放线→支架安装→梁模板、顶板支模→叠合板吊装→空调板安装→现浇楼板钢筋绑扎（机电暗管预埋）→混凝土浇捣→养护→预制楼梯吊装。

3.2.2 剪力墙结构施工准备

在进行预制剪力墙结构施工前，应首先做好定位放线，经校正确定主控线无误之后，应当运用经纬仪把主控线逐步引入各层楼面，之后按照经纬仪及竖向构件布置图所要求用标准卷尺所测出建筑物墙体构件边线、测量控制线、剪力墙暗柱位置线、建筑柱轴线、剪力墙、墙体洞口边线，最后用墨线在结构面上弹出痕迹。用墨线在 500 mm 处的竖向预制构件下端将标高线弹出，并且用油漆做出具体的标记。

1．现浇基础结构板的钢筋预留

（1）基础底板根据设计院提供的样板间图纸进行绑筋，并根据预制墙体部品的套筒位置进行钢筋预埋。钢筋预埋的位置要与预制墙体部品套筒位置相对应，在预埋钢筋的上部使用定位钢板进行定位，钢板定位分两次进行，墙体浇筑前固定一次，顶板混凝土浇筑前固定一次，墙体模板浇筑混凝土前在模板上口安装定位钢板、定位钢板根据预留钢筋直径（钢板预留孔直径比钢筋大 2 mm），叠合板吊装完成后以保证混凝土浇筑时预埋钢筋不会跑位偏移。每层顶板浇筑前均安装此固定钢板。如图 3-13 所示。

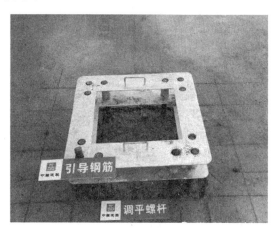

（a）钢筋定位钢板实例　　　　　　　　　　（b）钢筋定位钢板实例

图 3-13　钢筋定位钢板

（2）安装精度方面通过使用红外线仪器精确定位，并有质检员逐个验收，确保安装合格之后才允许浇筑混凝土。如图 3-14 所示。

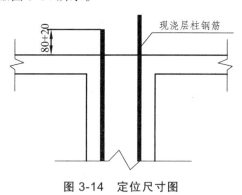

图 3-14　定位尺寸图

2．施工放线

（1）放线准备工作。

① PC 板施工方在放线前要与结构施工方进行水平基准线、轴线的交付验收。

② 对放线人员进行交底、培训熟悉图纸。

③ 由放线人员按照安装施工图在底板和墙板位置放线，将 PC 构件按型号在结构上放出该构件线的位置，并标注上该构件的编号或型号。

④ 验线：检查水平方向和垂直方向控制线是否正确，检查板与标高线及轴线控制线是否正确。

⑤ 将检查结果反馈给工程总包方审批，对于结构预埋件偏差错埋或漏埋等问题提出解决方案。

3. 放线作业

根据定位轴线放预制墙体部品的定位控制线。测量放线是装配整体式剪力墙结构施工中要求最为精确的一道工序，对确定预制部品安装位置及高度起着重要作用，也是后序工作的位置准确的保证。装配整体式剪力墙结构工程放线遵循先整体后局部的程序。吊装预制构件前需要投放①轴线；②墙体轮廓线；③墙体定位控制线（轮廓线以外 300 mm）；④预制墙板纵横轴线；⑤梁支模控制线；⑥支撑体系的平面网格线（立杆），斜撑拉杆的定位固定点（固定点用红色油漆进行标识）。叠合板位置控制线。施工放线采用外控及内控双控法。具体操作如下：

（1）使用水准仪、经纬仪、铅垂仪并利用辅助轴线，将叠合板下部剪力墙轴线返到本层（外控及内控），进行复核，轴线无误后作为本层墙体控制线。

（2）使用原始控制点核对标高，进行本层墙体底面抄平后，做找平垫块，以此来控制墙体安装标高。

（3）剪力墙预制板安装完成后，利用水准仪将每层建筑标高放到预制墙板及剪力墙结构上，使用红色标记标出相应标高作为预制叠合板部品安装基准线。

（4）使用原始控制轴线作为基准控制线，利用经纬仪将每一预制叠合板安装位置放到预制墙体预制板上。同时核对后浇带的位置，确定无误后方可吊装叠合板预制叠合板。

（5）另外叠合板混凝土浇筑前，需要用水平仪做好控制线和点，以便混凝土浇筑时能控制住楼板，现浇梁等的设计标高。控制点以室内地面 ±0.00 为准，则室内地面上 1 000 mm 处为一米线，一米线垂直往上一个楼层则为下一个楼层的一米线，这个一米线可以作为叠合楼板、梁等的控制点和线。

（6）控制点标记在预制剪力墙预留的竖向外露钢筋上，并用白胶带上边线对准控制点缠好，然后用水平仪、标尺等设备测出其他钢筋控制点位置并缠好白胶带。在白胶带上边线位置系上细线，形成控制线，控制住楼板、梁混凝土施工标高。

（7）楼梯梁安装时要根据基准轴弹出楼梯梁轴线，并且用水准仪抄测楼梯梁标高位置。在以给出楼梯梁预留洞标注。楼梯安装时要与下层楼梯井保持纵向通线。

3.2.3 剪力墙结构施工吊装流程

1. 吊装设备设置要求

（1）在招标文件中应中明确使用 PC 技术的部位。在施工单位进行塔吊选型前，应完成施工图的 PC 转换设计，以便施工单位根据最大吊重和最远端吊重以及作业半径进行塔吊选型。

（2）对于墙体采用 PC 技术的项目，在 PC 转换设计时应与总包单位进行充分沟通，就塔吊附墙点的位置、标高进行确认，确认塔吊附墙部位。

（3）采用 PC 预制墙体的，就预制墙体能否满足塔吊锚固的承载力要求进行确认。

（4）塔吊基础的设计、施工以及安装、拆除等等按照常规进行。

2．预制剪力墙构件吊装施工工艺

（1）工艺流程。

墙板吊装就位→支撑→校正→支撑加固→浆锚管注浆→墙板连接拼缝注浆。

（2）操作工艺。

① 竖向构件吊装应采用慢起、快升、缓放的操作方式。

② 竖向构件底部与楼面保持 20 mm 空隙，确保灌浆料的流动；其空隙使用 1~10 mm 不同厚度的垫铁，确保竖向构件安装就位后符合设计标高。

③ 竖向构件吊装前先检查预埋构件内的吊环是否完好无损，规格、型号、位置正确无误，构件试吊时离地不大于 0.5 m。起吊应依次逐级增加速度，不应越档操作。构件吊装下降时，构件根部系好缆风绳控制构件转动，保证构件就位平稳。

④ 构件距离安装面约 1.5 m 时，应慢速调整，调整构件到安装位置；楼地面预留插筋与构件预留注浆管逐根对应，全部准确插入注浆管后，构件缓慢下降；构件距离楼地面约 30 cm 时由安装人员辅助轻推构件或采用撬棍根据定位线进行初步定位；

⑤ 竖向构件就位时，应根据轴线、构件边线、测量控制线将竖向构件基本就位后，利用可调式斜支撑上下连接板通过螺栓和螺母将竖向构件楼面临时固定，竖向构件与楼面保持基本垂直后摘除吊钩。

⑥ 根据竖向构件平面分割图及吊装图，对竖向构件依次吊装就位，竖向构件就位后应立即安装斜支撑，每竖向构件用不少于 2 根斜支撑进行固定，斜支撑安装在竖向构件的同一侧面，斜支撑与楼面的水平夹角不应小于 60°。

将地面预埋的拉接螺栓进行清理，清除表面包裹的塑料薄膜及迸溅的水泥浆等，露出连接丝扣；将构件上套筒清理干净，安装螺杆。注意螺杆不要拧到底，与构件表面空隙约 30 mm。

安装斜向支撑应将撑杆上的上下垫板沿缺口方向分别套在构件上及地面上的螺栓上。安装时应先将一个方向的垫板套在螺杆上，然后转动撑杆，将另一方向的垫板套在螺杆上；将构件上的螺栓及地面预埋螺栓的螺母收紧。同时应查看构件中预埋套筒及地面预埋螺栓是否有松动现象，如出现松动，必须进行处理或更换；转动斜撑，调整构件初步垂直；松开构件吊钩，进行下一块构件吊装。用靠尺量测构件的垂直偏差，注意要在构件侧面进行量测。

⑦ 通过线锤或水平尺对竖向构件垂直度进行校正，转动可调式斜支撑中间钢管进行微调，直至竖向构件确保垂直；用 2 m 长靠尺、塞尺、对竖向构件间平整度进行校正，确保墙体轴线、墙面平整度满足质量要求，外墙企口缝要求接缝平直。

3．质量要求

（1）质量要求见表 3-1。

（2）预制构件外饰面材料发生破损时，应在安装前修补，涉及结构性的损伤，应由设计、施工和构件加工单位协商处理，满足结构安全、使用功能。

通常来说，单个 PC 项目要求塔机端部起重量在两台 2 t 以上或一台 3.5 t 的来完成吊装任务。PC 吊装塔机型号基本在 160~350 t·m 区间，满足 PC 吊装的载荷要求。

表 3-1　质量要求

项　目	允许偏差/mm	检验方法
轴线位置	5	钢尺检查
表面垂直度	5	经纬仪或吊线、钢尺检查
楼层标高	±5	水准仪或拉线、钢尺检查
构件安装允许偏差	±5	钢尺检查

　　首先做好安装前的准备工作，对基层插筋部位按图纸依次校正，同时将基层垃圾清理干净，松开吊架上用于稳固构件的侧向支撑木楔，做好起吊准备。

　　预制外墙板吊装时将吊扣与吊钉进行连接，再将吊链与吊梁连接，要求吊链与吊梁接近垂直，另外，PCF 板通过角码连接，角码固定于预埋在相邻剪力墙及 PCF 板内的螺丝。开始起吊时应缓慢进行，待构件完全脱离支架后可匀速提升，如图 3-15 所示

图 3-15　吊装图

　　预制剪力墙就位时，需要人工扶正预埋竖向外露钢筋与预制剪力墙预留空孔洞一一对应插入，另外，预制墙体安装时应以先外后内的顺序，相邻剪力墙体连续安装，PCF 板待外剪力墙体吊装完成及调节对位后开始吊装，如图 3-16 所示。

（a）预制剪力墙吊装

（b）预制剪力墙插筋

图 3-16

为防止发生预制剪力墙倾斜等现象，预制剪力墙就位后，应及时用螺栓和膨胀螺丝将可调节斜支撑固定在构件及现浇完成的楼板面上，通过调整斜支撑和底部的固定角码对预制剪力墙各墙面进行垂直平整检测并校正，直到预制剪力墙达到设计要求范围，然后固定，如图3-17 所示。

图 3-17 斜支撑固定

最后待预制件的斜向支撑及固定角码全部安装完成后方可摘钩，进行下一件预制件的吊装，同时，对已完成吊装的预制墙板进行校正，墙板垂直方向校正措施：构件垂直度调节采用可调节斜拉杆，每一块预制部品在一侧设置 2 道可调节斜拉杆，用 4.8 级 $\phi 16 \times 40$ mm 螺栓将斜支撑固定在构件预制构件上，底部用预埋螺丝将斜支撑固定在楼板上，通过对斜支撑上的调节螺丝的转动产生的推拉校正垂直方向，校正后应将调节把手用铁丝锁死，以防人为松动，保证安全，如图 3-18、图 3-19 所示。

主体预制墙板底堵缝：在预制墙体部品吊装之前，在预制墙体部品底部位置三面用座浆料堵缝（因外侧已用橡塑棉条封堵密实）度约为 20 mm。以保证预制墙体根部的密封严密，为注浆做好准备工作。如图 3-20 所示。

图 3-18 转动斜支撑杆件、调节墙体垂直度

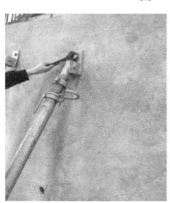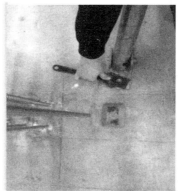

图 3-19 斜支撑固定

图 3-20 主体预制墙板底堵缝图

4. 预制墙板间的钢筋绑扎及现浇墙体钢筋绑扎

外墙预留节点部位待外墙安装就位后在进行节点绑扎。墙板间钢筋绑扎顺序为、先放置箍筋然后再从上面安装墙体竖筋（这样施工便于操作）。节点绑扎要求绑扎牢固，严禁丢扣、拉扣。如图 3-21 所示。

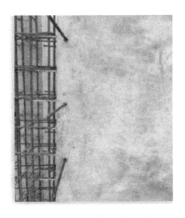

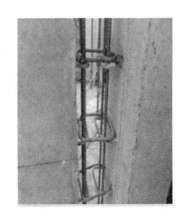

（a）外墙转角钢筋绑扎　　　（b）"L"型节点钢筋绑扎　　　（c）墙—墙连接钢筋绑扎

图 3-21　钢筋绑扎图

内墙为全现浇剪力墙，钢筋现场加工制作安装，直径 16 以上（含 16）采用等强机械连接技术；直径小于 16 的采用绑扎搭接连接。

现浇墙体钢筋绑扎施工工序基本步骤：

（1）首先根据所弹墙线，调整墙体预留钢筋，绑扎时竖筋水平筋相对位置按设计要求，墙体钢筋先绑暗柱钢筋，然后绑上下各一道水平筋，接着按立上梯子筋，与水平筋绑牢，在水平筋上划分立筋间距，按线绑扎墙立筋，再画线绑扎水平筋。墙体钢筋搭接接头绑扣不少于 3 道，绑丝扣应朝内。

（2）墙筋绑扎前在两侧各搭设两排脚手架，步高 1.8 m，脚手架上满铺脚手板。

（3）绑扎前先对预留竖筋拉通线校正，之后再接上部竖筋。水平筋绑扎时拉通线绑扎，保证水平一条线。墙体的水平和竖向钢筋错开连接，钢筋的相交点全部绑扎，钢筋搭接处，在中心和两端用铁丝扎牢，保证墙体两排钢筋间的正确位置。

（4）墙筋上口处放置墙筋梯形架（墙筋梯形架用钢筋焊成，周转使用），以此检查墙竖筋的间距，保证墙竖筋的平直。梯形架与模板支架固定，保证其位置的正确性。

（5）墙体钢筋在楼层处布设竖向钢筋架立筋、拉筋。

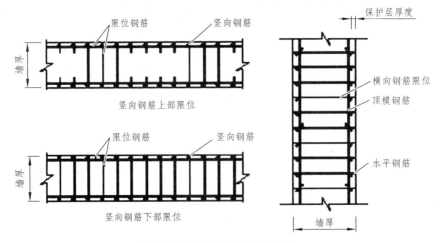

图 3-22　墙体限位钢筋示意图

（6）用塑料卡控制保护层厚度。将塑料卡卡在墙横筋上，每隔1 m纵横设置一个。

（7）墙筋上口处放置墙筋梯形架塑料卡控制保护层厚度。

3.2.4 剪力墙结构施工吊装要点

（1）预制构件的吊装须经试验室确定同条件养护试件强度达到设计强度等级的100%时方可进行。

（2）预制构件脱模起吊时必须有质检人员在场，对外观逐件进行目测检查，合格品加盖合格标识；有质量缺陷的预制构件做出临时标记，凡属表面缺陷（蜂窝、麻面、硬伤、局部露副筋等）经及时修补合格后可加盖合格标识。

（3）预制构件堆放场地应平整坚实、排水良好。设计专用钢制堆放架，减少场地占用量。预制构件用120 mm×120 mm垫木垫起。

（4）预制构件运输采用55 t运输车，底铺垫木，构件采用打摞器固定。

3.3 框架结构施工

框架结构中全部或部分框架梁、柱采用预制构件建成的装配整体式混凝土结构，简称装配整体式框架结构。

预制装配式结构，主要由预制的梁、板、柱和剪力墙等构建装配而成，这也是梁、板和柱的体系。预制的楼板大多是采用叠合楼板，预制梁大多是采用叠合梁。这样的结构的优点是结构受力方面很明确，实际建造的速度很快，建筑建设中可以实现对劳动力的节省，对于节点的施工工艺很简单。一旦节点采取比较可靠的施工工艺的时候，就可以采取和现浇结构相同设计的方法。竖向的受力构件可以依据需要替换成为现浇构件。对于建筑空间的布置方面具有灵活的特点，很容易实现大空间。当然，这样的结构也存在一定的缺点，这样的结构对于主筋灌浆锚固实际要求很高，室内很容易出现凸梁和凸柱的情况，对于外墙的维护部分的构造也相对比较复杂，主要适合多层住宅和抗震的等级在6级以下的设防地区。

装配整体式框架结构是常见的结构体系，主要应用于空间要求较大的建筑，如商店、学校、医院等。其传力途径为楼板→次梁→主梁→柱→基础→地基，结构传力合理，抗震性能好。框架结构的主要受力构件梁、柱、楼板及非受力构件墙体、外装饰等均可预制。预制构件种类一般有全预制柱、全预制梁、叠合梁、预制板、叠合板、预制外挂墙板、全预制女儿墙等。全预制柱的竖向连接一般采用灌浆套筒逐根连接。

3.3.1 框架结构施工工艺原理

依照工程结构特点，为方便构件制作和安装的原则，根据不同类型的预制构件进行深化设计，保证相同类型的构件截面尺寸和配筋尽量进行统一，确保构件标准化生产。

采用构件安装于现浇作业同步进行的方式，即预制叠合构件安装与楼板现浇同步施工，通过叠合层混凝土浇筑形成整体。本工法需对预制构件深化设计、生产、运输、存放、吊装、安装、连接、现浇节点处理以及成品保护等各个环节质量进行严格控制。通过预制构件专用吊装、就位、安装等工器具的使用，使得结构施工便捷、质量可靠、提高劳动生产率，达到节能减排等社会效益。

3.3.2 框架结构施工准备

1．预构件平面图深化设计

（1）依据图纸，进行预制件的深化设计，进行电气管线排布、设备留槽等以后后续施工预埋深化设计。

（2）根据图纸，进行预制件的尺寸复核，重点检查预制件的尺寸是否与框架梁的位置相符，预制楼梯段的加工尺寸是否与楼梯梁位置、尺寸相符。

（3）预制楼板应考虑水电管线预留位置、管线直径、线盒位置、尺寸、留槽位置等因素。

2．预构件运输

（1）预制件根据其安装状态受力特点，指定有针对性的运输措施，保证运输过程构件不受损坏。

（2）构件运输前，根据运输需要选定合适、平整坚实路线，车辆启动应慢、车辆行驶均匀，严禁超速、猛拐和急刹车。

3．预制构件存放

（1）根据施工进度情况，为保证工序遵接，要求施工现场捏前存放两车的预制构件。

（2）预制件运至现场后，根据总平面布置进行件存放，件存放应按照吊装顺序及流水段配套堆放。

4．吊装前准备

（1）预制件吊装前根据件类型准备吊具。加工模数化通用吊装梁（图3-23），模数化通用吊装梁根据各种件吊装时不同的起吊点位置，设置模数化吊点，确保预制件在吊装时钢丝绳保持竖直，避免产生水平分力导致构件旋转问题。

（2）预制件进场存放后根据施工流水计划在件上标出吊装顺序号，标注顺序号与纸上序号一致。

（3）所有预制构件吊装之前必须将构件各个截面的控制线标示完成，可以节省吊装校正时间，也有利于预制楼板的安装质量控制。

（4）所有预制构件吊装之前，需要将所有预埋件埋设准确，将地面清理干净。

5．吊装前的人员培训

（1）根据件的受力特征进行专项技术交底培训，确保件吊装时依照件原有受力情况，防止构件吊装过程中发生损坏。

图 3-23　吊装梁

（2）根据构件的安装方式准备必要的连接工器具，确保安装快捷，连接可靠。

（3）根据构件的安装要求，进行构件吊装、安装、调增就位等专门培训，规范操作顺序，增强施工人员的操作质量意识。

3.3.3　框架结构施工吊装流程

1．柱子施工

一般沿纵轴方向往前推进，逐层分段流水作业，每个楼层从一端开始，以减少反复作业，当一道横轴线上的柱子吊装完成后，再吊下一道横轴线上的柱子。清理柱子安装部位的杂物，将松散的混凝土及高出定位预埋钢板的黏结物清除干净，检查柱子轴线，定位板的位置、标高和锚固是否符合设计要求。对预吊柱子伸出的上下主筋进行检查，按设计长度将超出部分割掉，确保定位小柱头平稳地坐落在柱子接头的定位钢板上。将下部伸出的主筋理直、理顺，保证同下层柱子钢筋搭接时贴靠紧密，便于施焊。柱子吊点位置与吊点数量由柱子长度、断面形状决定，一般选用正扣绑扎，吊点选在距柱上端 600 mm 处卡好特制的柱箍，在柱箍下方锁好卡环钢丝绳，吊装机械的钩绳与卡环相钩区用卡环卡住，吊绳应处于吊点的正上方。慢速起吊，待吊绳绷紧后暂停上升，及时检查自动卡环的可靠情况，防止自行脱扣，为控制起吊就位时不来回摆动，在柱子下部拴好溜绳，检查各部连接情况，无误后方可起吊。

2．梁施工

按施工方案规定的安装顺序，将有关型号、规格的梁配套码放，弹好两端的轴线（或中线），调直理顺两端伸出的钢筋。在柱子吊完的开间内，先吊主梁再吊次梁，分间扣楼板。按照图纸上的规定或施工方案中所确定的吊点位置，进行挂钩和锁绳。注意吊绳的夹角一般不得小于 45°。如使用吊环起吊，必须同时拴好保险绳。当采用兜底吊运时，必须用卡环卡牢。挂好钩绳后缓缓提升，绷紧钩绳，离地 500 mm 左右时停止上升，认真检查吊具的牢固，拴挂安全可靠，方可吊运就位。吊装前再次检查柱头支点钢垫的标高、位置是否符合安装要求，就位时找好柱头上的定位轴线和梁上轴线之间的相互关系，以便使梁正确就位。梁的两头应用支柱顶牢。为了控制梁的位移，应使梁两端中心线的底点与柱子顶端的定位线对准。将梁重新吊起，稍离支座，操作人员分别从两头扶稳，目测对准轴线，落钩要平稳，缓慢入座，再使梁底轴线对准柱顶轴线。梁身垂直偏差的校正是从两端用线坠吊正，互报偏差数，再用撬棍将梁底垫起，用铁片支垫平稳严实，直至两端的垂直偏差均控制在允许范围之内。

图 3-24   叠合梁示意图

（1）工艺流程。

预制叠合梁吊装就位→精确校正轴线标高→临时固定→支撑→松钩。

（2）操作工艺。

① 检查预制叠合梁的编号、方向、吊环的外观、规格、数量、位置、次梁口位置等，选择吊装用的钢梁扁担，吊索必须与预制叠合梁上的吊环一一对应。

② 吊装预制叠合梁前梁底标高、梁边线控制线在校正完的墙体上用墨斗线弹出。

③ 先吊装主梁后吊装次梁；吊装次梁前必须对主梁进行校正完毕。

④ 预制叠合梁搁置长度为 15 mm，搁置点位置使用 1～10 mm 垫铁，预制叠合梁就位时其轴线控制根据控制线一次就位；同时通过其下部独立支撑调节梁底标高，待轴线和标高正确无误后将预制叠合梁主筋与剪力墙或梁钢筋进行点焊，最后卸除吊索。

⑤ 一道预制叠合梁根据跨度大小至少需要两根或以上独立支撑。在主次叠合梁交界处主梁底模与独立支撑一次就位。

（3）质量要求。

① 水平构件就位的同时，应立即安装临时支撑，根据标高、边线控制线，调节临时支撑高度，控制水平构件标高。

② 临时支撑距水平构件支座处不应大于 500 mm，临时支撑沿水平构件长度方向间距不应大于 2 000 mm；对跨度大于等于 4 000 mm 的叠合板，水平构件中部应加设临时支撑起拱，起拱高度不应大于板跨的 3‰。

3．叠合板施工

（1）施工流程。

放线→检查支座及板缝硬架支模上平标高→画叠合板位置线→安装墙体四周硬架→安

装独立钢支撑→框梁支模绑筋→叠合楼板吊装就位→调整支座处叠合板搁置长度→整理叠合板甩出钢筋→水电管线铺设→上层钢筋绑扎→现浇层混凝土浇筑。

（2）工艺做法。

① 放线、标高检测。

根据支撑平面布置图，在楼面上画出支撑点位置，根据顶板平面布置图，在墙顶端弹出叠合板边缘垂直线。

② 圈边木方硬架安装。

A. 叠合板与剪力墙顶部有 2 cm 缝，用 5#槽钢加工制作定型托撑，利用模板最上层螺杆孔，水平间距按照外墙板预留孔间距（最大不超过 800 mm），用方木背衬竹胶板封堵；同时在方木顶与叠合板接触部位贴双面胶带，确保接缝不漏浆。

B. 外墙预制墙板内侧墙面，在预制场加工的时候预埋好螺栓孔，可以在墙体内侧加固螺栓用。

③ 叠合板支撑架安装。

A. 预制墙体部品安装完成后，现浇墙体拆模后，按支撑平面位置图；支撑专用三脚架安装支撑。

B. 安放其上龙骨，龙骨顶标高为预制叠合板下标高。

C. 首层及屋面结构板均采用独立钢支撑，按两层满配考虑。

D. 根据支撑平面布置图进行放线定位后放置钢支撑，调至合适的高度。

E. 在钢支撑顶搁置主龙骨，主龙骨为铝合金龙骨，铝龙骨开口水平。龙骨的铺设方向与叠合板板缝方向垂直。

F. 现浇墙体顶部与叠合板相交处，墙立面粘贴 10 mm 宽密封条、做圈边木方，避免墙板相交处流浆。

G. 在主龙骨上铺设叠合板。现浇楼板处在主龙骨（10#槽钢）上铺设次龙骨（60 mm×80 mm 方木），方木上铺设多层板。

④ 梁支模。

A. 安装顺序。

复核梁底标高、校正轴线位置→搭设梁模支架→安装梁木方→安装梁底模→安装两侧模板（硬架固定）→绑扎梁钢筋→穿对拉螺栓→安装梁口钢楞，拧紧对位螺栓→复核梁模尺寸、位置→与相邻梁模连接牢固。

B. 施工要点。

梁模板采用的模板必须按图纸尺寸进行加工，以提高支模速度，保证模板空间位置尺寸准确，减少接缝，梁下部用夹具夹紧。梁模采用定型化模板。

梁跨度大于 4 m 时，在支模前按设计及规范要求起拱 1‰～3‰。

⑤ 叠合板施工安装。

叠合板施工安装工艺流程图：检查支座及板缝硬架支模上平标高→画叠合板位置线→吊装叠合板→调整支座处叠合板搁置长度→整理叠合板甩出钢筋。

安装叠合板前应认真检查硬架支模的支撑系统，检查墙或梁的标高、轴线，以及硬架支模的水平楞的顶面标高，并校正。画叠合板位置线：在墙、梁或硬架横楞上的侧面，按安装图画出板缝位置线，并标出板号。拼板之间的板缝为 215 mm。叠合板吊装就位：若叠合板有预留孔洞时，吊装前先查清其位置，明确板的就让方向。同时检查、排除钢筋等就位的障碍。吊装时应按预留吊环位置，采取四个吊环同步起吊的方式。就位时，应使叠合板对准所划定的叠合板位置线，按设计支座搁置年度慢降到位，稳定落实。受锁具及吊点影响，板起吊后有时候翘头，板的各边不是同时下落，对位时需要三人对正：两个人分别在长边扶正，一个人在短边用撬棍顶住板，将角对准墙角（三点共面）、短边对准墙下落。这样才能保证各边都准确地落在墙边。

调整叠合板支座处的搁置长度要用撬棍按图纸要求的支座处的搁置长度，轻轻调整。必要时要借助吊车绷紧钩绳（但板不离支座），辅以人工用撬棍共同调整搁置长度。将叠合板用撬棍校正，各边预制部品均落在剪力墙、现浇梁上 1.5 cm，预制部品预留钢筋落于支座处后下落，完成预制部品的初步安装就位。

预制部品安装初步就位后，应用支撑专用三脚架上的微调器及可调节支撑对部品进行三向微调，确保预制部品调整后标高一致、板缝间隙一致。根据剪力墙上 500 mm 控制线校板顶标高。

按设计规定，整理叠合板四周甩出的钢筋，不得弯 90°，亦不得将其压于板下。如图 3-25 所示。

⑥ 叠合板板缝施工安装。

本工程长宽尺寸较大的楼板拆分成若干块预制叠合板部品，在这些预制叠合板部品之间设置有宽 300 mm 的后浇带。所以需要进行后浇带支模，后浇带支模的模板宽为 500 mm，每边宽出后浇带 100 mm 防止漏浆现象（叠合板底缝两侧粘贴 10 mm 宽密封条）。如图 3-26 所示。

（a）叠合板吊装

（b）预制叠合板部品安装

（c）预制叠合板调整

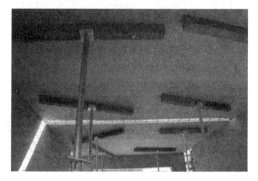

（d）预制叠合板入支座 10 mm

（e）预制叠合板标高调整

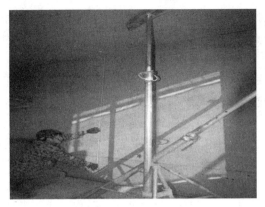
（f）校核预制叠合板底标高

图 3-25 预制叠合板施工

图 3-26 预制叠合板底后浇带支模

⑦ 水暖电气管线预埋。

预制叠合板部品安装完成之后，进行水暖电气管线预埋工程。预埋管线工程主要包括电气管线预埋和水暖管线预埋，管线预埋几乎都在叠合楼板未浇筑的上半层楼板上施工。其中预埋水暖管与墙体内预置水暖管必须接口封密，应使用相应设备检测，符合国家验收标准。

⑧ 叠合板绑扎上层钢筋。

A. 梁钢筋绑扎（叠合板安装前完成）。

工艺流程：安放梁底模→穿梁主筋、套箍筋→绑扎梁钢筋→专业安装→安放垫块→隐检

施工做法：在绑扎钢筋前先对梁底模预检。合理安排主次梁筋的绑扎顺序，加密箍筋和抗震构造筋按设计和施工规范不得遗漏。当梁钢筋水平交叉时主梁在下、次梁在上。对于梁内双排及多排钢筋的情况，为保证相邻两排钢筋间的净距，在两排钢筋间垫 $\phi 25$ 的短钢筋。在梁箍筋上加设塑料定位卡，保证梁钢筋保护层的厚度。

B. 板钢筋绑扎。

工艺流程：叠合板安装→板缝模板安装→绑扎板缝下铁钢筋安放垫块→专业施工→绑扎上层钢筋→隐检验收。

施工做法：板缝钢筋绑扎完成后，做好预埋件、电线管、预留孔等及时配合安装。专业完成后，在叠合板钢筋桁架上按图纸要求划出负筋间距，按间距摆放后进行绑扎，无负筋部

位设置温度筋，绑扎板钢筋时用顺扣或八字扣，除外围两根钢筋的相交点全部绑扎外，其余各点可交错绑扎。板筋在支座处的锚固伸至中心，且不少于 5d。

⑨ 叠合板混凝土浇筑。

现浇层混凝土为 70 mm，浇筑前架设施工马道防止上铁钢筋被人为踩压弯曲，浇筑前清理基层并洒水湿润，使现浇层混凝土与叠合板结合紧密。

梁、板应同浇筑时，浇筑方法应由一端开始，用"赶浆法"浇筑，先浇筑梁，根据梁高分层浇筑成阶梯形，当达到位置时再与板的混凝土一起浇筑，随着阶梯形不断延伸，梁板混凝土浇筑连续向前进行。

和板连成整体的梁，浇捣时，浇筑与振捣必须紧密配合，第一层下料慢些，梁底充分振实后再下二层料，用"赶浆法"保持水泥浆沿梁底包裹石子向前推进，每层均应振实后再下料，梁底及梁帮部位要注意振实，振捣时不得触动钢筋及预埋件。浇筑板混凝土时不允许用振捣棒铺摊混凝土。

待梁混凝土浇筑完初凝前在浇筑顶板混凝土，混凝土虚铺厚度应略大于板厚，用插入式振捣器振捣，现浇楼板施工面积较大，容易漏振，振捣手应站位均匀，避免造成混乱而发生漏振。双层筋部位采用插振，每次移动位置的距离不应大于 400 mm，单层筋采用振捣棒拖振间距 300 mm。

用墙柱钢筋的 50 线上挂线控制顶板混凝土浇筑标高。用 4 m 长刮杠刮平，特别是墙根部 100 mm 宽范围内表面平整度误差不得超过 2 mm（顶板的墙体根部是施工中控制的重点，控制方法为：墙体根部预留使用顶板找平筋，间距不大于 2 m 来控制墙体根部的标高及平整度）。在混凝土初凝前与终凝之间用木抹子搓压三遍。最后用塑料毛刷扫出直纹（毛刷配合杠尺，将刷纹拉直、匀称）。用塑料毛刷扫出直纹是最后一道工序，必须等木抹子揉压三遍后进行，且最后一遍木抹子揉压时间不得过早，否则，扫完毛纹后出现泌水现象而影响质量。

⑩ 各部位混凝土的养护。

A. 墙柱混凝土的养护：在墙柱模板对拉螺栓撤出，模板落地以后，立即在墙体的表面浇水，保持湿润，防止养护剂涂刷之前墙体混凝土水分散失太快；在模板调运走以后，立即在墙体表面涂刷养护剂，继续对混凝土进行养护。

B. 顶板混凝土养护：采用浇水养护与盖塑料布相结合的方法，塑料布应在养护浇完第一次水后覆盖（非雨天施工，如遇雨天，浇完后立即覆盖），第一次浇水养护的时间，应根据现场条件及温度而定，先适量洒水试验，混凝土不起包不起皮即可浇水。等表面微微泛白时，再次浇水，保持 7 d。

4．预制楼梯施工

（1）预制楼梯施工工况。

① 楼梯进场、编号，按各单元和楼层清点数量。

② 搭设楼梯（板）支撑排架与搁置件。

③ 标高控制与楼梯位置线设置。

④ 按编号和吊装流程，逐块安装就位。

⑤ 塔吊吊点脱钩，节能型下一叠合板梯段安装，并循环重复。

⑥ 楼层浇捣混凝土完成，混凝土强度达到设计、规范要求后，拆除支撑排架与搁置件。

（6）预制楼梯施工方法。

预制楼梯施工前，按照设计施工图，由木工翻样绘制出加工图，工厂化生产按改图深化后，投入批量生产。运送至施工现场后，由塔吊吊运到楼层上铺放。

施工前，先搭设楼梯梁（平台板）支撑排架，按施工标高控制高度，按梯梁后楼梯（板）的顺序进行。楼梯与梯梁搁置前，先在楼梯 L 型内铺砂浆，采用软坐灰方式。

① 施工流程

控制线→复核→起吊→就位→校正→焊接→隐检→验收→成品保护。

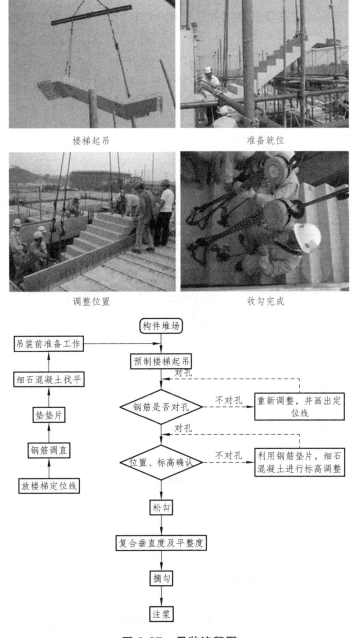

图 3-27　吊装流程图

安装预制梁前要校核柱顶标高。按设计要求在柱顶抹好砂浆找平层，其厚度应符合控制标高要求。安装预制梁时，应按事先弹好的梁头柱边线就位，以保证梁伸入柱内的有效尺寸。

楼板安装前，应先校核梁翼上口标高，抹好砂浆找平层，以控制标高。同时弹出楼板位置线，并标明板号。楼板吊装就位时，应事先用支撑支顶横梁两翼，楼板就位后，应及时检车板底是否平整，不平处用垫铁垫平。安装后的楼板，宜加设临时支撑，以防止施工荷载使楼板产生较大的挠度或出现裂缝。预制楼梯连接处，水平缝采用 M15 砂浆找平。

② 楼梯的具体吊装流程。

A. 吊装准备。

预制楼梯吊装采用厂家设计的吊装件，使用 M20 高强螺栓连接，螺栓使用三次后更换。详细做法见图 3-28：

B. 起吊角度确定。

为便于安装，预制楼梯起吊时，角度略大于梯自然倾斜角度吊装（自然倾斜角度 34°，起吊时倾斜角度为 36°）。

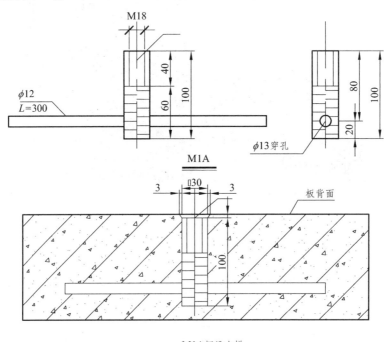

图 3-28 螺栓连接图

C. 安装时间确定。

在上层墙体出模后，吊装下层预制楼梯踏步板。保证 L 型梁强度。预制楼梯连接处，立缝采用 CMG40 灌浆料填实。

5. 预制阳台、空调板吊装施工工艺

（1）工艺流程。

定位放线→构件检查核对→构件起吊→预制阳台吊装就位→校正标高和轴线位置→临时固定→支撑→松钩。

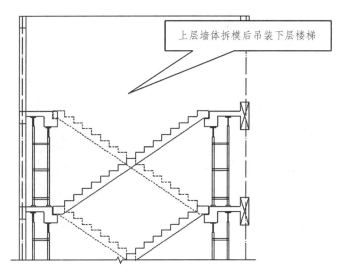

图 3-29 预制楼梯安装图

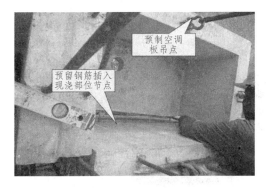

图 3-30 预制空调板吊装

图 3-31 预制阳台空调板吊装支撑要求

（2）操作工艺。

① 吊装前检查构件的编号，检查预埋吊环、预留管道洞位置、数量、外观尺寸等。

② 标高、位置控制线已在对应位置用墨斗线弹出。

③ 预制空调板和阳台板的吊装时吊点位置和数量必须转化图一致。

④ 对预制悬挑构件负弯矩筋逐一伸过预留孔，预制构件就位后在其底下设置支撑，校正完毕后将负弯矩筋与室内叠合板钢筋支架进行点焊或绑扎。

（3）质量要求：

项 目	允许偏差/mm	检验方法
轴线位置	5	钢尺检查
表面垂直度	5	经纬仪或吊线、钢尺检查
楼层标高	±5	水准仪或拉线、钢尺检查
构件安装允许偏差	±5	钢尺检查

6．天沟吊装施工工艺

图 3-32　预制天沟吊装

图 3-33　预制天沟支撑

（1）工艺流程：

定位放线→构件检查核对→构件起吊→预制天沟吊装就位→校正标高和轴线位置→临时固定→支撑→松钩。

（2）操作工艺：

① 检查和核对天沟预埋吊环、预留管道洞、注浆管的位置、数量及钢筋的编号。

② 标高、位置控制线已在对应位置用墨斗线弹出。

③ 临时固定在墙体上三角支架已就位，或外支架搭设完。

④ 根据吊装次序进行吊装，吊装时利用大、小钢扁担梁结合，通过滑轮调节构件均衡受力进行起吊，就位时将竖向钢筋穿过预制天沟预埋注浆管后，搁置三角支架或外支架上。

⑤ 预制天沟底部全部搁置在竖向构件上，预制天沟底部与竖向顶面保持 20 mm 空隙，确保灌浆料的流动；其空隙使用 1～10 mm 不同厚度的垫铁，确保预制天沟构件安装就位后符合设计标高。

⑥ 校正完毕后预制天沟在柱、梁位置通过点焊钢筋加以限位。

（3）质量要求。

表 3-2 质量要求

项 目	允许偏差/mm	检验方法
轴线位置	5	钢尺检查
表面垂直度	5	经纬仪或吊线、钢尺检查
楼层标高	±5	水准仪或拉线、钢尺检查
构件安装允许偏差	±5	钢尺检查

3.3.4 框架结构施工吊装要点

装配式框架结构施工一般采用分层分段流水吊装方法，作业的关键是控制操作过程中的移偏差。

1. 柱子水平位移的控制

应以大柱面中心为准，有三人同时备用一线锤校对摆面上的中线，同时用两台经纬仪校对两相互垂直面的中线，其校正顺序必须是：起重机脱钩后电焊前初校—焊后第二次校正—梁安装后第三次校正。

2. 柱子吊装位后的固定和校正方法

在初次校正后，将小枝头埋件与定位钢板点焊定位进行主筋焊接。采用立坡口焊接时，施焊前应先对焊工进行培训，并做出焊接试件，经检验合格后方可正式焊接。其施焊方法，应采用分批间歇轮流焊接的方法。当焊接的上下钢筋，其辅线扁差在 1:6 以内时，可采用热、冷方法矫正；当大于 1:6 时，则应通过设计处理解决。实践证明，上下钢筋坡口的间隙越大，相应地电焊量也大，变形则大。柱接头钢筋在焊时应力虽不大，但很容易将上柱四角混凝土拉裂，因此，必须严格执行施焊措施，避免或减少裂产生。另外，在焊接过程中，严禁校正钢筋。

为了避免柱子产生垂直偏差。当梁，柱节点的焊点有两个或两个以上时，施工顺序也要采取轮流间歇的施焊措施，即每个焊点不要一次焊完。

整个框架应采用"梅花焊接"方法。其优点是间道或边柱首先组成框架，可以减少框架变形。另外，焊接时梁的一端固定，一端自由，可以减少焊接过程中拉应力所引起的框架变形，也便于土建工序流水作业。

柱子安装标高不准确是直接影响接层标高的关键。因此，采用调整定位钢板的方法来控制楼层标高。

定位钢扳的埋设，常见有两种方法其一是先把钢板固定在钢筋骨架上，再浇筑混凝土。其二是先浇筑混凝土，然后把定位钢板埋混凝土中。无论采用哪一种方法，必须两次抄平，即下定位钢板前抄平一次。下定位钢板后抄平一次，并要根据柱子的长度情况，逐个定出负的误差值，因为负误差可以用垫铁找平，正误差则无法挽救。

3.4 钢筋套筒灌浆及连接节点构造

钢筋套筒灌浆连接是指在预制混凝土构件中预埋的金属套筒中插入钢筋并灌注水泥基灌浆料而实现的钢筋连接方式。原理是透过铸造的中空型套筒，将钢筋从两端开口穿入套筒内部不需要搭接或熔接，钢筋与套筒间填充高强度微膨胀结构性砂浆，借助套筒对砂浆的围束作用。加上本身具有的微膨胀特性，增大砂浆与钢肋套筒的正应力，由该正向力与粗糙表面产生摩擦力来传递钢筋应力，该工艺适用于剪力墙、框架柱、框架梁纵筋的连接，是装配整体结构的关键技术。

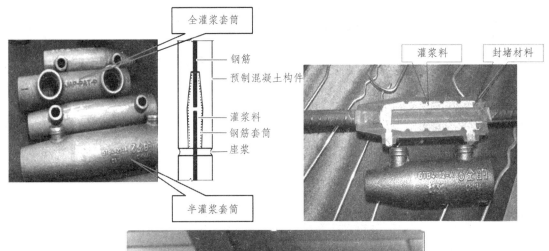

图 3-34　灌浆套筒及封浆胶塞图

装配式混凝土结构中，节点及接缝处的纵向钢筋连接宜根据接头受力、施工工艺等要求选用套筒灌浆连接、机械连接、浆锚搭接连接、焊接连接、绑扎搭接连接等连接方式。直径大于 20 mm 的钢筋不宜采用浆锚搭接连接。当采用套筒灌浆连接时，应符合现行行业标准《钢筋套筒灌浆连接应用技术规程》（JGJ 355—2015）的规定。

同时规范对套筒灌浆连接钢筋提出了具体要求：

（1）套筒灌浆连接的钢筋直径不宜小于 12 mm，且不宜大于 40 mm。

（2）灌浆套筒灌浆端最小内径与连接钢筋公称直径的差值：12～25 的钢筋不小于 10 mm；28～40 的钢筋不小于 15 mm。用于钢筋锚固的深度不宜小于插入钢筋公称直径的 8 倍。

（3）钢筋套筒灌浆连接接头的抗拉强度不应小于连接钢筋抗拉强度标准值，且破坏时应断于接头外钢筋。

（4）当装配式混凝土结构采用套筒灌浆连接接头时，全部构件纵向受力钢筋可在同一截面上连接。连接只能断于钢筋。

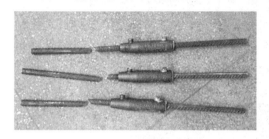

（a）断于钢筋 　　　　　　　　　　（b）断于接头

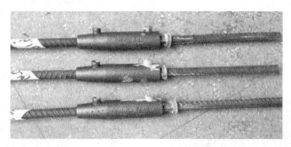

（c）钢筋拉脱

图 3-35　钢筋断裂图

（5）采用套筒灌浆连接的混凝土构件，接头连接钢筋的直径规格不应大于灌浆套筒规定的连接钢筋直径规格，且不宜小于灌浆套筒规定的连接钢筋直径规格一级以上。

（6）灌浆套筒的直径规格对应了连接钢筋的直径规格，在套筒产品说明书中均有注明。工程不得采用直径规格小于连接钢筋的套筒，但可采用直径规格大于连接钢筋的套筒，但相差不宜大于一级。

钢筋浆锚搭接连接是指在预制混凝土构件中采用特殊工艺制成的孔道中插入需搭接的钢筋，并灌注水泥基灌浆料而实现的钢筋搭接连接方式。浆锚搭接连接是一种将需搭接的钢筋拉开一定距离的搭接方式。这种搭接技术在欧洲有多年的应用历史，也被称之为间接搭接或间接锚固。目前主要采用的是在预制构件中有螺旋箍筋约束的孔道中搭接的技术，称为钢筋约束浆锚搭接连接。

在灌浆过程中应按照下列要求进行操作。

（1）竖向剪力墙吊装校正完毕并经检查验收后，应尽早灌浆。

（2）灌浆前，对预制板间空隙和其他可能漏浆处需采用高标号水泥浆、模板等进行封堵。

（3）灌浆施工前应进行灌浆材料抽样检测，检测合格后方可使用。

（4）灌浆材料宜采用机械拌和，若生产厂家对产品有具体拌和要求，应按其要求进行拌和。拌和地点宜靠近灌浆地点。

（5）灌浆操作应符合下列规定：

① 灌浆应根据工程实际情况，选用合适的灌浆方法。

② 灌浆前应确认注浆孔畅通，必要时采压缩空气清孔。

③ 浆体应充满孔道内所有空隙。灌浆应连续进行，灌浆过程中严禁振捣。

④ 因故停止灌浆时，应用压力水将孔道内已注入的灌浆料冲洗干净。

（a）套筒留设的灌浆嘴

（b）混凝土剪力墙底部套筒　　　　　（c）混凝土柱底部套筒（预制柱底部应有键槽）

图 3-36　灌浆套筒工程应用

⑤ 冬期施工应采用不超过 65 ℃的温水拌和灌浆材料，浆体入模温度在 10 ℃以上。受冻前，灌浆材料的抗压强度不得低于 5 MPa。

⑥ 灌浆部位温度大于 35 ℃，灌浆前 24 h 采取措施，防止灌浆部位受到阳光直射或其他辐射。采取适当降温措施，浆体的入模温度不应大于 30 ℃。灌浆后应及时采取保湿养护措施。

3.4.1　钢筋套筒节点灌浆前准备工作

1．技术准备

（1）学习设计图纸及深化图纸，充分领会设计意图，并做好图纸会审。

（2）确定构件灌浆顺序。

（3）编制灌浆材料及辅助材料等进场计划。

（4）确定灌浆使用的机械设备等。

（5）编制施工技术方案并报审。

2．材料准备

（1）高强度无收缩灌浆料、水泥、砂子、水等。

（2）用于注浆管灌浆的灌浆材料，强度等级不宜低于 C40，应具有无收缩、早强、高强、大流动性等特点。

（3）拌和用水不应产生以下有害作用：

A．注浆材料的和易性和凝结。

B．注浆材料的强度发展。

C．注浆材料的耐久性，加快钢筋腐蚀及导致预应力钢筋脆断。

D．污染混凝土表面凝土表面。

E．拌合用水 pH 值要求应符合相关规定。

3．机具准备

主要为搅拌机、压力灌浆机等。

4．作业条件

（1）灌浆操作人员（一般 2、3 人）已经培训并到位。

（2）机械设备已进场，并经调试可正常使用。

（3）墙板构件已经建设单位及监理单位验收并通过。

5．灌浆前准备

（1）检查工器具并进行调试。

（2）灌浆用材料等准备。

6．清除拼缝内杂物

将构件拼缝处（竖向构件上下连接的拼缝及竖向构件与楼地而之间的拼缝）石子、杂物等清理干净。

7．拼缝模板支设

采用 20 mm 厚挤塑聚苯板，切割成条状，将上下墙板间水平拼缝及墙板与楼地面间缝隙填塞密实，塞入深度不宜超过 20 mm，防止漏浆。同时外侧采用木模板或木方围挡，用钢管加顶托顶紧。

8．注浆管内喷水湿润

洒水应适量，主要用于湿润拼缝混凝土表面，便于灌浆料流畅，洒水后应间隔 15 min 再进行灌浆，防止积水。

9．搅拌注浆料

（1）注浆材料宜选用成品高强灌浆料，应具有大流动性，无收缩，早强高强等特点。1 d强度不低于 20 MPa，28 d 强度不低于 60 MPa，流动度应≥270 mm，初凝时间应大于 1 h。终凝时间应在 3～5 h。

（2）搅拌注浆料投料顺序、配料比例及计量误差应严格按照产品使用说明书要求。

（3）注浆料搅拌宜使用手电钻式搅拌器，用量较大时也可选用砂浆搅拌机。搅拌时间为 45～60 s，应充分搅拌均匀，选用手电钻式搅拌器过程中不得将叶片提出液面，防止带入气泡。

（4）一次搅拌的注浆料应在 45 min 内使用完。

10．注浆孔及水平缝灌浆

（1）灌浆可采用自重流淌灌浆和压力灌浆，自重流淌灌浆即选将料斗放置在高处利用材料自重流淌灌入；压力灌浆，灌浆压力应保持在 0.2～0.5 MPa。

（2）灌浆应逐个构件进行，一块构件中的灌浆孔或单独的拼缝应一次连续灌满。

11．构件表面清理

构件灌浆后应及时清理沿灌浆口溢出的灌浆料，随灌随清，防止污染构件表面。

12．注浆口管填实压光

（1）注浆管口填实压光应在注浆料终凝前进行。

（2）注浆管口应抹压至与构件表面平整，不得凸出或凹陷.

（3）注浆料终凝后应进行洒水养护，每天 3～5 次，养护时间不得少于 7 d。冬期施工时不得洒水养护。

3.4.2　钢筋套筒节点灌浆工艺流程

施工前要做相应的准备工作，由专业施工人员依据现场的条件进行接头力学性能试验，按不超过 1 000 个灌浆套筒为一批，每批随机抽取 3 个灌浆套筒制作对中连接接头试件（40 mm×40 mm×160 mm），标准条件下养护 28 d，并进行抗压强度检验，其抗压强度不低于 85 N/mm²，具体可按图 3-37 所示工艺流程进行。

具体操作过程如下：

（1）清理墙体接触面：墙体下落前应保持预制墙体与混凝土接触面无灰渣、无油污、无杂物。

（2）铺设高强度垫块：采用高强度垫块将预制墙体的标高找好，使预制墙体标高得到有效的控制。

（3）安放墙体：在安放墙体时应保证每个注浆孔通畅，预留孔洞满足设计要求，孔内无杂物。

（4）调整并固定墙体：墙体安放到位后采用专用支撑杆件进行调节，保证墙体垂直度、平整度在允许误差范围内。

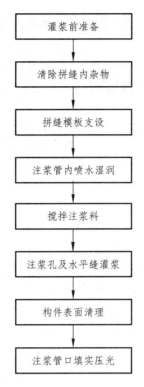

图 3-37　预制浆锚节点灌浆工艺流程图

（5）墙体两侧密封：根据现场情况，采用砂浆对两侧缝隙进行密封，确保灌浆料不从缝隙中溢出，减少浪费。

（6）润湿注浆孔：注浆前应用水将注浆孔进行润湿，减少因混凝土吸水导致注浆强度达不到要求，且与灌浆孔连接不牢靠。

（7）拌制灌浆料：搅拌完成后应静置 3～5 min，待气泡排除后方可进行施工。灌浆料流动度在 200～300 mm 间为合格。

（8）浆料检测：检查拌和后的浆液流动度，左手按住流动性测量模，用水勺舀 0.5 L 调配好的灌浆料倒入测量模中，倒满模子为止，缓慢提起模子，约 0.5 min 之后，测量灌浆料平摊后最大直径为 280～320 mm，为流动性合格。每个工作班组进行一次测试。

（9）进行注浆：采用专用的注浆机进行注浆，该注浆机使用一定的压力，将灌浆料由墙体下部注浆孔注入，灌浆料先流向墙体下部 20 mm 找平层，当找平层注满后，注浆料由上部排气孔溢出，视为该孔注浆完成，并用泡沫塞子进行封堵。至该墙体所有上部注浆孔均有浆料溢出后视为该面墙体注浆完成。

（10）进行个别补注：完成注浆半个小时后检查上部注浆孔是否有因注浆料的收缩、堵塞不及时、漏浆造成的个别孔洞不密实情况。如有则用手动注浆器对该孔进行补注。

（11）封堵上排出浆孔：间隔一段时间后，上口出浆孔会逐个漏出浆液，待浆液成线状流出时，通知监理进行检查（灌浆处进行操作时，监理旁站，对操作过程进行拍照摄影，做好灌浆记录，三方签字确认，质量可追溯），合格后使用橡皮塞封堵出浆孔。封堵要求与原墙面平整，并及时清理墙面上、地面上的余浆。

（12）试块留置：每个施工段留置一组灌浆料试块（将调配好的灌浆料倒入三联试模中，用作试块，与灌浆相同条件养护）。

3.4.3　钢筋套筒节点灌浆注意事项

装配整体式混凝土结构的节点或接缝的承载力，刚度和延性对于整个结构的承载力起有决定性作用，而目前大部分工程中柱与楼板，墙与楼板等节点连接都是通过钢筋套筒灌浆连接，因而确保钢筋套筒灌浆连接的质量极为重要。为此，施工过程中，需要注意如下事项：

（1）检查无收缩水泥期限是否在保质期内（一般为6个月），6个月以上禁止使用；3~6个月的须过8号筛去除硬块后使用。

（2）无收缩水泥的搅拌用水，不得含有氯离子。使用地下水时，一定要检验氯离子，严禁用海水。禁止用铝制搅拌器搅拌无收缩水泥。

（3）在灌浆料强度达到设计要求后，方可拆除预制构件的临时支撑。

（4）砂浆搅拌时间必须大于3 min搅拌完成后于30 min内完成施工，逾时则弃置不用。

（5）当日气温若低于5 ℃，灌浆后必须对柱底混凝土施以加热措施，使内部已灌注的续接砂浆温度维持在5~40 ℃之间。加热时间至少48 h。

（6）柱底周边封模材料应能承受1.5 MPa的灌浆压力，可采用砂浆、钢材或木材材质。

（7）续接砂浆应搅拌均匀，灌浆压力应达到1.0 MPa，灌浆时由柱底套筒下方注浆口注入，待上方出浆口连续流出圆柱状浆液，再采用橡胶塞封堵。

（8）套筒灌浆连接接头检验应以每层或500个接头为一个检验批，每个检验批均应全数检查其施工记录和每班试件强度试验报告。

（9）在安放墙体时，应保证每个注浆孔通畅，预留孔洞满足设计要求，孔内无杂物、注浆前，应充分润湿注浆孔洞，防止因孔内混凝土吸水导致灌浆料开裂情况发生。

（10）进行个别补注：完成注浆半个小时后检查上部注浆孔是否有因注浆料的收缩、堵塞不及时、漏浆造成的个别孔洞不密实情况。如有则用手动注浆器对该孔进行补注。

3.4.4　连接节点构造

1. 预制构件结构材料的连接

装配整体式结构中，节点及接缝处的钢筋连接宜采用机械连接、套筒灌浆连接及焊接连接，也可采用间接搭接。剪力墙竖缝处，钢筋宜锚入现浇混凝土中；剪力墙水平接缝及框架柱接头，钢筋宜采用套筒灌浆连接或者间接搭接；框架梁接头与框架梁柱节点处，水平钢筋宜采用机械连接或者焊接。

采用套筒灌浆连接时，应满足以下要求：

（1）套筒抗拉承载力应不小于连接筋抗拉承载力；套筒长度由砂浆与连接筋的握裹能力而定，要求握裹承载力不小于连接筋抗拉承载力。

（2）套筒浆锚连接钢筋可不另设，由下柱或者墙片的纵向受力筋直接外伸形成。连接筋间距不宜小于5 d，套筒净距不应小于20 mm。连接筋与套筒位置应完全对应，误差不得大于2 mm。

（3）连接筋插入套筒后压力灌浆，待浆液充满全部套筒后，停止灌浆，静养 1～2 d。

采用间接搭接，应满足以下要求：

（1）连接筋的有效锚固长度，非抗震设计≥25d，抗震设计≥30d，d 为连接筋直筋；锚浆孔的边距 C≥5d，净距 C_0≥30+d，孔深应比锚固长度长 50 mm。连接筋位置与锚孔中心对齐，误差不大于 2 mm。

（2）在锚固区，锚孔及纵筋周围宜设置螺旋箍筋，箍筋直径不小于 6 mm，间距不大于 50 mm。

（3）连接筋插入锚孔后压力灌浆，待浆液充满全部锚孔后，停止灌浆，静养 1～2 d。

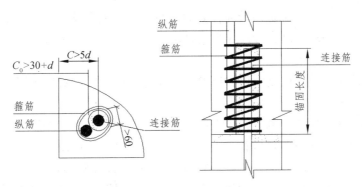

图 3-38　间接搭接构造

预制构件之间，以及预制构件与现浇混凝土之间的结合面应做成粗糙面。宜使用表面处理方法使外表面的骨料露出成为粗糙面。粗糙面处理即通过外力使预制部件与后浇混凝土结合处变得粗糙、露出碎石等骨料。通常有 3 种方法：人工凿毛法、机械凿毛法、缓凝水冲法。

（1）人工凿毛法：是指工人使用铁锤和凿子剔除预制部件结合面的表皮，露出碎石毛料，增加结合面的黏结粗糙度。此方法的优点是简单、易于操作，缺点是费工费时、效率低。

（2）机械凿毛法：使用专门的小型凿岩机配置梅花平斗钻、剔除结合面混凝土的表皮，增加结合面的黏结粗糙度。此方法的优点是方便快捷、机械小巧易于操作。缺点是操作人员的作业环境差，粉尘污染。

（3）缓凝水冲法：是混凝土结合面粗糙度处理的一种新工艺，是指在部品构件混凝土浇筑前，将含有缓凝剂的浆液涂刷在模板壁上。浇筑混凝土后，利用已浸润缓凝剂的表面混凝土与内部混凝土的缓凝时间差，用高压水冲洗未凝固的表层混凝土，冲掉表面浮浆，露出骨料，形成粗糙的表面。此方法的优点是成本低、效果佳、功效高且易于操作。

预制构件的结合面做成键槽时，键槽的尺寸和数量应通过计算确定。键槽的深度不宜小于 30 mm，长度宜为 150～250 mm。键槽端部斜面与侧边的倾角宜为 45°。

预制构件纵向受力钢筋在节点区宜直线锚固，当锚固长度不足时可采用机械直锚。预制悬臂构件负弯矩钢筋应在现浇层中加强锚固，负弯矩钢筋的锚固长度应不小于悬臂构件悬臂长度的 1.5 倍。

采用预埋件连接时，应满足以下要求：

（1）预埋件的承载力不应低于连接件的承载力。

（2）预埋件的位置应使锚筋位于构件的外侧主筋的内测。

（3）锚板厚度应不小于锚筋直径的 0.6 倍，且应大于 $b/8$，b 为锚筋间距。锚筋中心至锚板边缘的距离不应小于 $2d$ 和 20 mm。

（4）锚筋不应小于 $\phi8$，且不应大于 $\phi25$，数量不应少于 4 根，且不多于 4 层。锚筋的间距，以及锚筋至锚板边缘的距离均不应小于 $3d$ 和 45 mm。锚筋的锚固长度应满足混凝土设计规范的要求。

（5）锚筋与锚板应采用 T 型焊，并应采用压力埋弧焊。焊缝高度不应小于 6 mm 和 $0.6d$，d 为锚筋直径。锚筋与锚板间的焊缝应采用双面焊，焊缝长度为 $5d$。钢板与钢板间焊缝长度应为钢板间接触长度，并为双面焊。

连接节点应采取可靠的防腐蚀措施，其耐久性应满足工程设计年限的要求。所有外露金属件，包括连接件和预埋件的设计均应考虑环境类别的影响，并进行防腐防锈处理。有防火要求的连接件应采取防火措施。

当构件中最外层钢筋的混凝土保护层厚度大于 40 mm 时，应对保护层采取有效的防裂构造措施。

应对预埋件等连接件进行承载力极限状态的验算。在验算中，除考虑使用阶段的荷载外，还应考虑施工过程中的各种不利荷载的组合，并按现行相关结构设计规范进行设计。

预制构件的制作精度和连接部位构造处理，应与连接方式相适应。干式连接及构造防水，预制构件尺寸及预埋件位置应准确，精度应高。后锚固连接时，锚固基材应进行预设计处理，锚固区应按行业标准《混凝土结构后锚固技术规程》（JGJ 145—2013）规定配置必要的钢筋网。

2. 构件连接的节点构造及钢筋布设

（1）混凝土叠合楼（屋）面板的节点构造。

混凝土叠合受弯构件是指预制混凝土梁板顶部在现场后浇混凝土而形成的整体受弯构件。装配整体式结构组成中根据用途将混凝土分为叠合构件混凝土和构件连接混凝土。

叠合楼（屋）面板的预制部分多为薄板，在预制构件加工厂完成。施工时吊装就位，现浇部分在预制板面上完成。预制薄板作为永久模板又作为楼板的一部分承担使用荷载，具有施工周期短、制作方便、构件较轻的特点，其整体性和抗震性能较好。

叠合楼（屋）面板结合了预制和现浇混凝土各自的优势，兼具现浇和预制楼（屋）面板的优点，能够节省模板支撑系统。

① 叠合楼（屋）面板的分类。

主要有预应力混凝土叠合板、预制混凝土叠合板、桁架钢筋混凝土叠合板等。

② 叠合楼（屋）面板的节点构造。

预制混凝土与后浇混凝土之间的结合面应设置粗糙面。粗糙面的凹凸深度不应小于 4 mm，以保证叠合面具有较强的黏结力，使两部分混凝土共同有效的工作。

预制板厚度由于脱模、吊装、运输、施工等因素，最小厚度不宜小于 60 mm。后浇混凝土层最小厚度不应小于 60 mm，主要考虑楼板的整体性以及管线预埋，面筋铺设，施工误差等因素。当板跨度大于 3 m 时，宜采用桁架钢筋混凝土叠合板，可增加预制板的整体刚度和水平抗剪性能；当板跨度大于 6 m 时，宜采用预应力混凝土预制板，节省工程造价。板厚大于 180 mm 的叠合板，其预制部分采用空心板，空心板端空腔应封堵，可减轻楼板自重，提高经济性能。

叠合板支座处的纵向钢筋应符合下列规定：

A. 端支座处，预制板内的纵向受力钢筋宜从板端伸出并锚入支撑梁或墙的后浇混凝土中，锚固长度不应小于 5d（d 为纵向受力钢筋直径），且宜伸过支座中心线，见图 3-39（a）。

B. 单向叠合板的板侧支座处，当板底分布钢筋不伸入支座时，宜在紧邻预制板顶面的后浇混凝土叠合层中设置附加钢筋，附加钢筋截面面积不宜小于预制板内的同向分布钢筋面积，间距不宜大于 600 mm，在板的后浇混凝土叠合层内锚固长度不应小于 15d，在支座内锚固长度不应小于 15d（d 为附加钢筋直径）且宜伸过支座中心线，见图 3-39（b）。

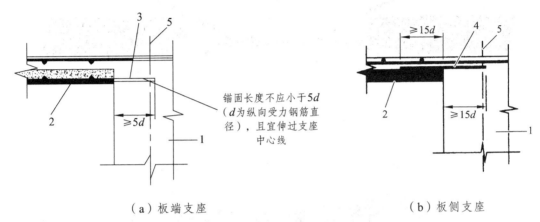

（a）板端支座　　　　　　　　　　　　　　（b）板侧支座

1—支承梁或墙；2—预制板；3—纵向受力钢筋；4—附加钢筋；5—支座中心线。

图 3-39　叠合板端及板侧支座构造示意图

C. 单向叠合板板侧的分离式接缝宜配置附加钢筋，见图 3-40 接缝处紧邻预制板顶宜设置垂直于板缝的附加钢筋。附加钢筋伸入两侧后浇混凝土叠合层的锚固长度不应小于 15d（d 为附加钢筋直径），附加钢筋截面面积不宜小于预制板中该方向钢筋面积，钢筋直径不宜小于 6 mm，间距不宜大于 250 mm。

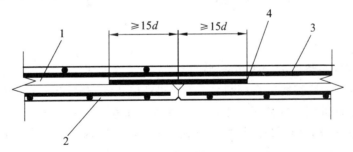

1—后浇层内钢筋；2—附加钢筋；3—后浇混凝土叠合层；4　预制板。

图 3-40　单向叠合板板侧的分离式接缝构造示意图

D. 双向叠合板板侧的整体式接缝处由于有应变集中情况，宜将接缝设置在叠合板的次要受力方向上且宜避开最大弯矩截面，见图 3-41。接缝可采用后浇带形式，并应符合下列规定：

后浇带宽度不宜小于 200 mm；后浇带两侧板底纵向受力钢筋可在后浇带中焊接、搭接连接、弯折锚固；当后浇带两侧板底纵向受力钢筋在后浇带中弯折锚固时，应符合下列规定。

叠合板厚度不应小于 10d（d 为弯折钢筋直径的较大值），且不应小于 120 mm；垂直于接缝的板底纵向受力钢筋配置量宜按计算结果增大 15% 配置；接缝处预制板侧伸出的纵向受力钢筋在后浇混凝土叠合层内锚固，且锚固长度不应小于 l_a；两侧钢筋在接缝处重叠的长度不应小于 10d，钢筋弯折角度不应大于 30%，弯折处沿接缝方向应配置不少于 2 根通长构造钢筋，且直径不应小于该方向预制板内钢筋直径。

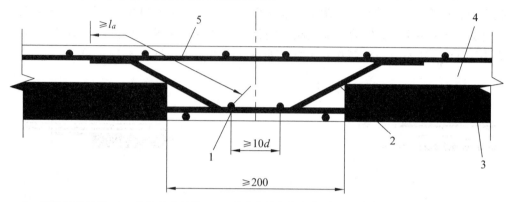

1—通长构造钢筋；2—后浇层内钢筋；3—后浇混凝土叠合层；4—预制板；5—纵向受力钢筋。

图 3-41　双向叠合板整体式接缝构造示意图

图 3-42　梁板连接图

（2）叠合梁节点构造。

在装配整体式框架结构中，常将预制梁做成矩形或 T 形截面。首先在预制厂内做成预制梁，在施工现场将预制楼板搁置在预制梁上（预制楼板和预制梁下需设临时支撑），安装就位后，再浇捣梁上部的混凝土使楼板和梁连接成整体，即成为装配整体式结构中分两次浇捣混凝土的叠合梁。它充分利用钢材的抗拉性能和混凝土的受压性能，结构的整体性较好，施工简单方便。

混凝土叠合梁的预制梁截面一般有两种，分为矩形截面预制梁和凹口截面预制梁。

装配整体式框架结构中，当采用叠合梁时，预制梁端的粗糙面凹凸深度不应小于 6 mm，框架梁的后浇混凝土叠合层厚度不宜小于 150 mm，见图 3-43（a），次梁的后浇混凝土叠合板厚度不宜小于 120 mm；当采用凹口截面预制梁时，凹口深度不宜小于 50 mm，凹口边厚度不宜小于 60 mm，见图 3-43（b）。

为提高叠合梁的整体性能，使预制梁与后浇层之间有效的结合为整体，预制梁与后浇混凝土、灌浆料、坐浆材料的结合面应设置粗糙面，预制梁端面应设置键槽，见图 3-44。

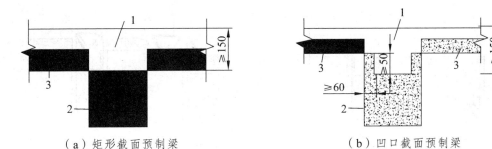

（a）矩形截面预制梁　　　　　　　　（b）凹口截面预制梁

1—后浇混凝土叠合层；2—预制板；3—预制梁

图 3-43　叠合框架梁截面示意图

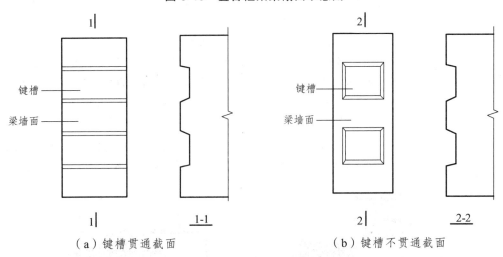

（a）键槽贯通截面　　　　　　　　（b）键槽不贯通截面

图 3-44　梁端键槽构造示意图

预制梁端的粗糙面凹凸深度不应小于 6 mm，键槽尺寸和数量应按行业标准《装配式混凝土结构技术规程》（JGJ 1—2014）第 7.2.2 条的规定计算确定。

键槽的深度：不宜小于 30 mm，宽度 w 不宜小于深度的 3 倍且不宜大于深度的 10 倍，键槽可贯通截面，当不贯通时槽口距离截面边缘不宜小于 50 mm，键槽间距宜等于键槽宽度，键槽端部斜面倾角不宜大于 30°。粗糙面的面积不宜小于结合面的 80%。

叠合梁的箍筋配置：抗震等级为一、二级的叠合框架梁的梁端箍筋加密区宜采用整体封闭箍筋，见图 3-45（a）。采用组合封闭箍筋的形式时，开口箍筋上方应做成 135° 弯钩，见图 3-45（b）。非抗震设计时，弯钩端头平直段长度不应小于 5d（d 为箍筋直径）。抗震设计时，弯钩端头平直段长度不应小于 10d。现浇应采用箍筋帽封闭开口箍，箍筋帽末端应做成 130° 弯钩，非抗震设计时，弯钩端头平直段长度不应小于 5d，抗震设计时，弯钩端头平直段长度不应小于 10d。

叠合梁可采用对接连接，并应符合下列规定：

① 连接处应设置后浇段，后浇段的长度应满足梁下部纵向钢筋连接作业的空间需求。

② 梁下部纵向钢筋在后浇段内宜采用机械连接、套筒灌浆连接或焊接连接。

③ 后浇段内的箍筋应加密，箍筋间距不不应大于 5d（d 为纵向钢筋直径），且不应大于 100 mm。

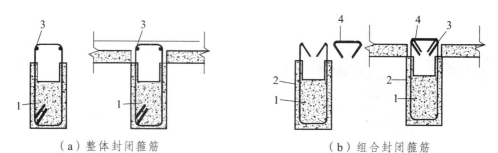

（a）整体封闭箍筋　　　　　　　　　　　　（b）组合封闭箍筋

1—上部纵向钢筋；2—预制梁；3—箍筋帽；4—开口箍筋。

图 3-45　叠合梁箍筋构造示意图

（3）叠合主次梁的节点构造。

叠合主梁与次梁采用后浇段连接时，应符合下列规定：

① 在端部节点处，次梁下部纵向钢筋深入主梁后浇段内的长度不应小于 12d，次梁上部纵向钢筋应在主梁后浇段内锚固。当采用弯折锚固或锚固板时，锚固直段长度不应小于 0.6l_{ab}，见图 3-46（a）；当钢筋应力不大于钢筋强度设计值的 50% 时，锚固直段长度不应大于 0.35l_{ab}；弯折锚固的弯折后直段长度不应小于 12d（d 为纵向钢筋直径）。

② 在中间节点处，两侧次梁的下部纵向钢筋伸入主梁后浇段内长度不应小于 12d（d 为纵向钢筋直径）；次梁上部纵向钢筋应在现浇层内贯通，见图 3-46（b）。

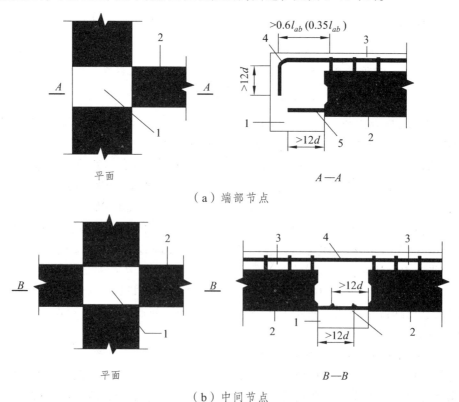

平面　　　　　　　　　　　　　　　　　A—A

（a）端部节点

平面　　　　　　　　　　　　　　　　　B—B

（b）中间节点

1—次梁；2—主梁后浇段；3—次梁上部纵向钢筋；4—后梁混凝土叠合层；5—次梁下部纵向钢筋

图 3-46　叠合主次梁的节点构造图

（4）预制柱的节点构造。

预制混凝土柱连接节点通常为湿式连接，见图 3-47。

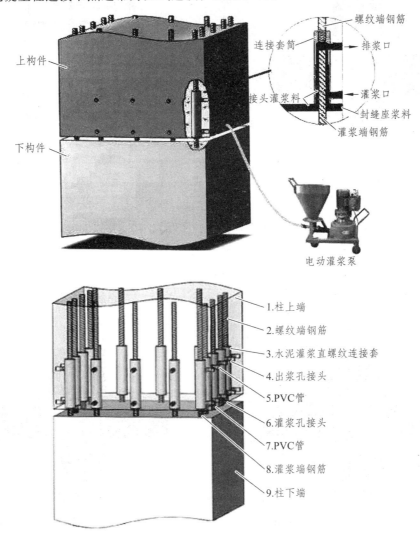

图 3-47　采用灌浆套筒湿式连接的预制柱

① 采用预制柱及叠合梁的装配整体式框架中，柱底接缝宜设置在楼面标高处，后浇节点区混凝土上表面应设置粗糙面，柱纵向受力钢筋应贯穿后浇节点区，见图 3-48。柱底接缝厚度宜为 20 mm，并采用灌浆料填实。

② 采用预制柱及叠合梁的装配整体式框架节点，梁纵向受力钢筋应伸入后浇节点区内锚固或连接。上下预制柱采用钢筋套筒连接时，在套筒长度 ± 50 cm 的范围内，在原设计箍筋间距的基础上加密箍筋，见图 3-49。

梁、柱纵向钢筋在后浇节点区间内采用直线锚固、弯折锚固或机械锚固方式时，其锚固长度应符合现行国家标准《混凝土结构设计规范》（GB 50010）中的有关规定。当梁、柱纵向钢筋采用锚固板时，应符合现行行业标准《钢筋锚固板应用技术规程》（JGJ 256）中的有关规定。

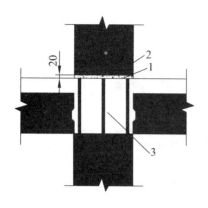

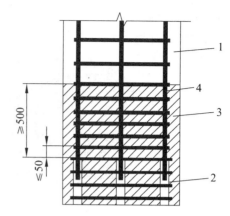

1—预制柱；2—接缝灌浆层；3—后浇节点区混凝 土上表面粗糙面。

图 3-48　预制柱底接缝构造示意图

1—预制柱；2—套筒灌浆连接接头；3—箍筋加密 区（阴影区域）；4—加密区箍筋。

图 3-49　钢筋采用套筒灌浆连接时 柱底箍筋加密区域构造示意图

A. 对框架中间层中节点，节点两侧的梁下部纵向受力钢筋宜锚固在后浇节点区内，可采用 90° 弯折锚固，也可采用机械连接或焊接的方式直接连接，见图 3-50；梁的上部纵向受力钢筋应贯穿后浇节点区。

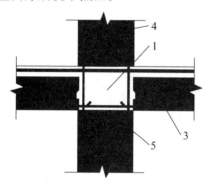

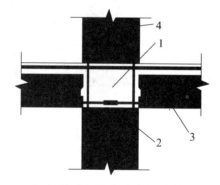

（a）梁下部纵向受力钢筋锚固　　　　　　　　（b）梁下部纵向受力钢筋连接

1—后浇区；2—梁下部纵向受力钢筋连接；3—预制梁；4—预制柱；5—梁下部纵向受力钢筋锚固。

图 3-50　预制柱及叠合梁框架中间层中节点构造示意图

B. 对框架中间层端节点，当柱截面尺寸不满足梁纵向受力钢筋的直线锚固要求时，应采用锚固板锚固，也可采用 90 弯折锚固，见图 3-51。

C. 对框架顶层中节点，梁纵向受力钢筋的构造符合中间层中节点的要求，柱纵向受力钢筋宜采用直线锚固；当梁截面尺寸不满足直线锚固要求时，宜采用锚固板锚固，见图 3-52。

D. 对框架顶层端节点，梁下部纵向受力钢筋应锚固在后浇节点区内，且宜采用锚固板的锚固方式。梁、柱其他纵向受力钢筋的锚固应符合：柱宜伸出屋面并将柱纵向受力钢筋锚固在伸出段内，伸出段长度不宜小于 500 mm，伸出段内箍筋间距不应大于 $5d$（d 为柱纵向受力钢筋直径），且不应大于 100 mm；柱纵向受力钢筋宜采用锚固板锚固，锚固长度不应小于 $40d$；梁上部纵向受力钢筋采用锚固板锚固，见图 3-53（a）。

柱外侧纵向受力钢筋也可与梁上部纵向受力钢筋在后浇节点区搭接，其构造要求应符合现行国家标准《混凝土结构设计规范》（GB 50010）中的规定。柱内侧纵向受力钢筋宜采用锚固板锚固，见图 3-53（b）。

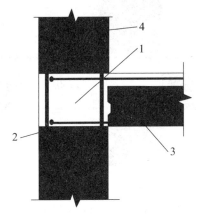

1—预制柱；2—后浇区；3—预制梁；4—梁纵向受力钢筋锚固。

图 3-51　预制柱及叠合梁框架

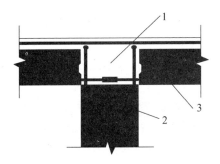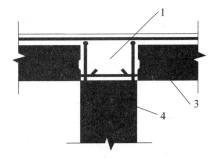

（a）梁下部纵向受力钢筋连接　　　　　（b）梁下部纵向受力钢筋锚固

1—后浇区；2—预制梁；3—梁下部纵向受力钢筋锚固；4—梁下部纵向受力钢筋连接。

图 3-52　预制柱及叠合梁框架顶层中节点构造示意图

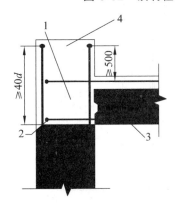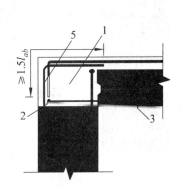

（a）柱向上伸长　　　　　　　　　（b）梁柱外侧钢筋搭接

1—后浇段；2—柱延伸段；3—预制梁；4—梁下部纵向受力筋锚固；5—梁柱外侧钢筋搭接。

图 3-53　预制柱及叠合梁框架质层边节点构造示意图

E. 采用预制柱及叠合梁的装配整体式框架节点,梁下部纵向受力钢筋也可伸至节点区外的后浇段内连接,连接接头与节点区的距离不应小于 1.5h,(h 为梁截面有效高度),见图 3-54。

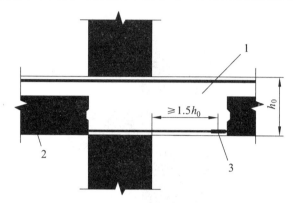

1—后浇段；2—预制梁；3—纵向受力钢筋。

图 3-54　梁下部纵向受力钢筋在节点区外的后浇段内连接示意图

（5）预制剪力墙节点构造。

预制剪力墙的顶面、底面和两侧面应处理为粗糙面或者制作键槽,与预制剪力墙连接的圈梁上表面也应处理为粗糙面。粗糙面露出的混凝土粗骨料不宜小于其最大粒径的 1/3，且粗糙面凹凸不应小于 6 mm。

根据行业标准《装配式混凝土结构技术规程》（JGJ 1—2014），对高层预制装配式墙体结构，楼层内相邻预制剪力墙的连接应符合下列规定：

① 边缘构件应现浇，现浇段内按照现浇混凝土结构的要求设置箍筋和纵筋。预制剪力墙的水平钢筋应在现浇段内锚固，或者与现浇段内水平钢筋焊接或搭接连接。

② 上下剪力墙板之间，先在下墙板和叠合板上部浇筑圈梁连续带后，坐浆安装上部墙板，套筒灌浆或者浆锚搭接进行连接，见图 3-55。

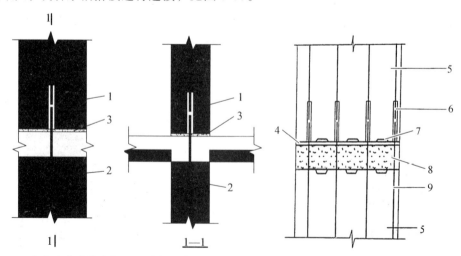

1—钢筋套筒灌浆连接；2—连接钢筋；3—坐浆层；4—坐浆；5—预制墙体；6—浆锚套筒
连接或浆锚搭接连接；7—键槽或粗糙面；8—现浇圈梁；9—竖向连接筋。

图 3-55　预制剪力墙板上下节点连接

相邻预制剪力墙板之间如无边缘构件，应设置现浇段，现浇段的宽度应同墙厚，现浇段的长度：当预制剪力墙的长度不大于 1 500 mm 时不宜小于 150 mm，大于 1 500 mm 时不宜小于 200 mm，现浇段内应设置竖向钢筋和水平环箍，竖向钢筋配筋率不小于墙体竖向分布筋配筋率，水平环箍配筋率不小于墙体水平钢筋配筋率，见图 3-56。

现浇部分的混凝土强度等级应高于预制剪力墙的混凝土强度等级两个等级或以上。

预制剪力墙的水平钢筋应在现浇段内锚固，或者与现浇段内水平钢筋焊接或搭接连接。

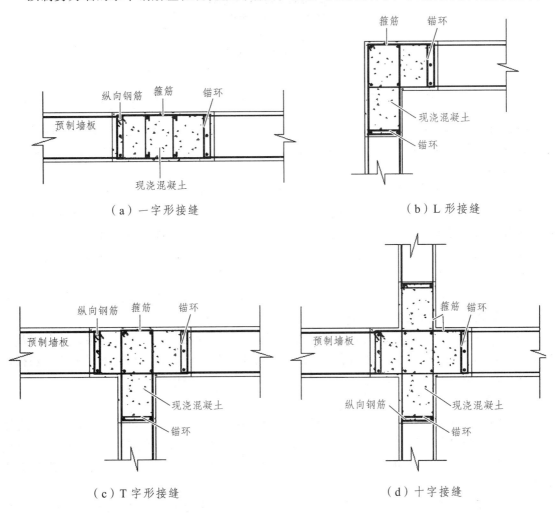

（a）一字形接缝　　　　　　　　　　（b）L 形接缝

（c）T 字形接缝　　　　　　　　　　（d）十字接缝

图 3-56　预制墙板间节点连接

③ 钢筋加密设置。

上下剪力墙采用钢筋套筒连接时，在套筒长度 + 30 cm 的范围内，在原设计箍筋间距的基础上加密箍筋，见图 3-57。

预制外墙的接缝及防水设置外墙板为建筑物的外部结构，直接受到雨水的冲刷，预制外墙板接缝（包括屋面女儿墙、阳台、勒脚等处的竖缝、水平缝、十字缝以及窗口处）必须进行处理。并根据不同部位接缝特点及当地气候条件选用构造防水，材料防水或构造防水与材料防水相结合的防排水系统。

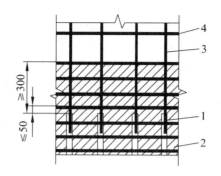

1—灌浆套筒；2—水平分布钢筋加密区域（阴影区域）；
3—竖向钢筋；4—水平分布钢筋。

图 3-57　钢筋套筒灌浆连接部位水平分布钢筋的加密构造示意图

挑出外墙的阳台、雨篷等构件的周边应在板底设置滴水线。为了有效地防止外墙渗漏的发生，在外墙板接缝及门窗洞口等防水薄弱部位宜采用材料防水和构造防水相结合的做法。

① 材料防水。

预制外墙板接缝采用材料防水时，必须用防水性能可靠的嵌缝材料。板缝宽度不宜大于 20 mm，材料防水的嵌缝深度不得小于 20 mm。对于普通嵌缝材料，在嵌缝材料外侧应勾水泥砂浆保护层，其厚度不得小于 15 mm。对于高档嵌缝材料，其外侧可不做保护层。

高层建筑、多雨地区的预制外墙板接缝防水宜采用两道密封防水构造的做法，国在外部密封胶防水的基础上，增设一道发泡氯丁橡胶密封防水构造。

预制叠合墙板间的水平拼缝处设置连接钢筋，接缝位置采用模板或者钢管封堵，待混凝土达到规定强度后拆除模板，并抹平和清理干净。

因后浇混凝土施工需要，在后浇混凝土位置做好临时封堵，形成企口连接，后浇混凝土施工前应将结合面凿毛处理，并用水充分润湿，再绑扎调整钢筋。防水处理同叠合式墙板水平拼缝节点处理，拼缝位置的防水处理采取增设防水附加层的做法。

② 构造防水。

构造防水是采取合适的构造形式，阻断水的通路，以达到防水的目的。如在外墙板接缝外口设置适当的线型构造（立缝的沟槽，平缝的挡水台、披水等），形成空腔，截断毛细管通路，利用排水沟将渗入板缝的雨水排出墙外，防止向室内渗漏。即使渗入，也能沿槽口引流至墙外。

预制外墙板接缝采用构造防水时，水平缝宜采用企口缝或高低缝，少雨地区可采用平缝，见图 3-58。竖缝宜采用双直槽缝，少雨地区可采用单斜槽缝。女儿墙墙板构造防水见图 3-59。

（6）预制内隔墙节点构造。

挤压成型墙板间拼缝宽度为（＋5 或 –2）mm。板必须用专用胶粘剂和嵌缝带处理。胶黏剂应挤实、粘牢，嵌缝带用嵌缝剂粘牢刮平，见图 3-60。

① 预制内墙板与楼面连接处理。

墙板安装经检验合格 24 h 内，用细石混凝土（高度 ≥30 mm）或 1∶2 干硬性水泥砂浆（高度 30 mm）将板的底部填塞密实，底部填塞完成 7 d 后，撤出木楔并用 1∶2 干硬性水泥砂浆填实木楔孔，见图 3-61。

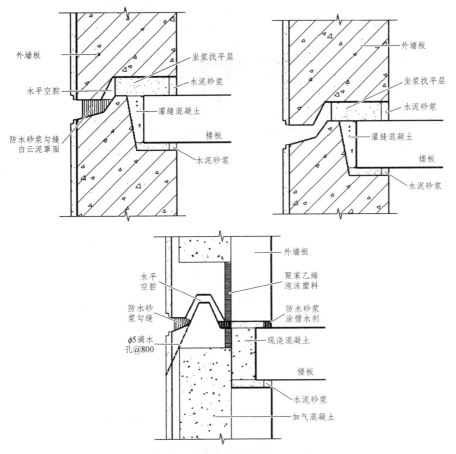

图 3-58 预制外墙板构造防水

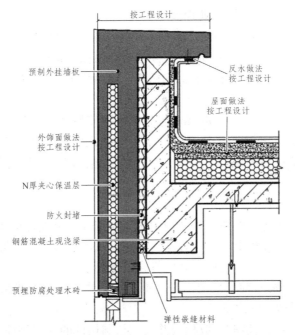

图 3-59 女儿墙墙板构造防水

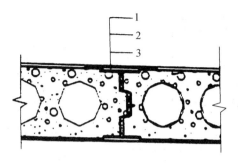

1—骑缝贴 100 mm 宽嵌缝带并用胶粘剂抹平；2—胶粘剂抹平；
3—凹槽内贴 50 mm 宽嵌缝带。

图 3-60　嵌缝带构造图

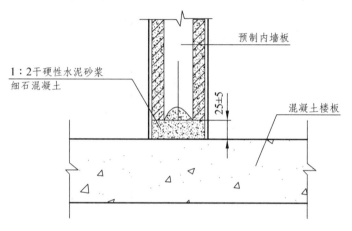

图 3-61　预制内墙与楼面连接节点

②　门头板与结构顶板连接拼缝处理。

施工前 30 min 开始清理阴角基面、涂刷专用界面剂，在接缝阴角满刮一层专用胶粘剂，厚度约为 3 mm，并粘贴第一道 50 mm 宽的嵌缝带；用抹子将嵌缝带压入到胶粘剂中，并用胶粘剂将凹槽抹平墙面；嵌缝带宜埋于距胶粘剂完成面约 1/3 位置处并不得外露。

③　门头板与门框板水平连接拼缝处理。

在墙板与结构板底夹角两侧 100 mm 范围内满刮胶粘剂，用抹子将嵌缝带压入到胶粘剂中抹平。门头板拼缝处开裂概率较高，施工时应注意胶粘剂的饱满度，并将门头板与门框板顶实，在板缝黏结材料和填缝材料未达到强度之前，应避免使门框板受到较大的撞击，见图 3-62。

（7）叠合构件混凝土。

叠合构件混凝土是指在装配整体式结构中用于制作混凝土叠合构件所使用的混凝土。由于叠合面对于预制与现浇混凝土的结合有重要作用，因此在叠合构件混凝土浇筑前，必须对叠合面进行表面清洁与施工技术处理，并应符合以下要求：

①　叠合构件混凝土浇筑前，应清除叠合面上的杂物、浮浆及松散骨料，表面干燥时应洒水润湿，洒水后不得留有积水。

②　在叠合构件混凝土浇筑前，应检查并校正预制构件的外露钢筋。

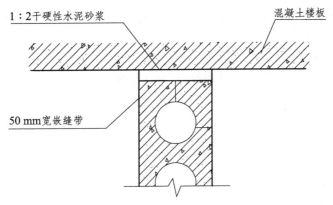

图 3-62 门头板和混凝土顶板连接节点

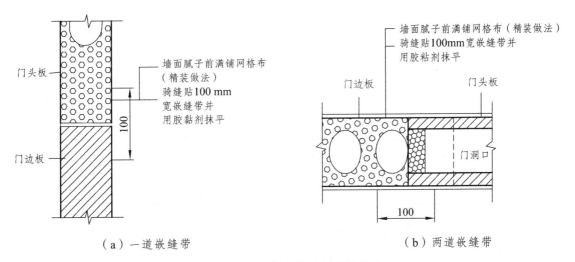

（a）一道嵌缝带 　　　　　　　　　　　（b）两道嵌缝带

图 3-63 门头板与门边板连接节点

③ 为保证叠合构件混凝土浇筑时，下部预制底板的支撑系统受力均匀，减小施工过程中不均匀分布荷载的不利作用。叠合构件混凝土浇筑时，应采取由中间向两边的方式。

④ 叠合构件与周边现浇混凝土结构连接处，浇筑混凝土时应加密振捣点，当采取延长振捣时间措施时，应符合有关标准和施工作业要求。

⑤ 叠合构件混凝土浇筑时，不应移动预埋件的位置，且不得污染预埋外露连接部位。

（8）构件连接混凝土。

构件连接混凝土是指在装配整体式结构中用于连接各种构件所使用的混凝土。构件连接混凝土应符合下列要求：

① 装配整体式混凝土结构中预制构件的连接处混凝土强度等级不应低于所连接的各预制构件混凝土设计强度等级中的较大值。

② 用于预制构件连接处的混凝土或砂浆，宜采用无收缩混凝土或砂浆，并宜采取提高混凝土或砂浆早期强度的措施；在浇筑过程中应振捣密实，并应符合有关标准和施工作业要求。

③ 预制构件连接节点和连接接缝部位后浇混凝土施工应符合下列规定：

A. 连接接缝混凝土应连续浇筑，竖向连接接缝可逐层浇筑，混凝土分层浇筑高度应符合现行规范要求；浇筑时应采取保证混凝土浇筑密实的措施；

B. 同一连接接缝的混凝土应连续浇筑，并应在底层混凝土初凝之前将上一层混凝土浇筑完毕；

C. 预制构件连接节点和连接接缝部位的混凝土应加密振捣点，并适当延长振捣时间；

D. 预制构件连接处混凝土浇筑和振捣时，应对模板和支架进行观察和维护，发生异常情况应及时进行处理；构件接缝混凝土浇筑和振捣时应采取措施防止模板、相连接构件、钢筋、预埋件及其定位件的移位。

3.5 集装箱施工

传统的建造方式以现场手工湿作业为主，不仅生产效率低、建设周期长、能耗高、对环境影响大，而且建筑的质量和性能难以得到保证，寿命周期难以实现，既不能适应国民经济高速发展的节奏，又不能满足可持续发展的要求。因此，建筑业进一步发展的一个方向是以工业化装配式建造实现产业转型与升级。在这样的大环境下，预制装配式建筑成为发展热点。

目前，预制化程度较高的建筑形式是集装箱建筑。该类建筑也常被称为盒子建筑、模块化建筑、或箱式建筑，是一种把单个房间作为预制构件单位，在工厂预制后运到工地进行安装的建筑结构。每个盒式单元的外墙板和内部装修均在工厂完成，带有采暖、上、下水道及照明等所有管网。目前，在箱式建筑中，由海运集装箱改建而成的集装箱建筑研究最多、应用最广。

1. 集装箱建筑的优点

集装箱建筑的优点主要包括：

（1）安全性强，牢固耐久。集装箱作为货运载体，其本身具有坚固、耐用和安全性高的特点。通常情况下集装箱单元的基本结构不易破坏，能够保证住户安全。因为运输要求，集装箱的水密性较好，改建为房屋后具备良好的防雨性能。

（2）符合模数化、标准化要求，适应工业化建筑发展需求。1970 年，国际标准化组织（ISO）确立了集装箱的全球统一标准，统一了集装箱的尺寸。因此，集装箱作为建筑基本模块时，标准化程度高，其组成的集装箱建筑极易符合工业化建筑设计、生产、施工的模数化要求。

（3）现场装配简单方便，现场工作量少，施工速度快，有效节约劳动成本。

（4）移动便捷，灵活性强。首先，集装箱建筑造型多变，可堆叠、可分割，形式多样。其次，集装箱建筑不仅安装便利，拆卸也十分方便，可搬迁、可回收利用，移动灵活。

（5）节材减耗，节能低碳。集装箱房屋的结构单体主要采用高强度钢结构，并在工厂内生产制造，施工现场只进行简单的拼装，几乎不产生建筑垃圾，同时可有效减少环境污染和噪音，材料的浪费也比传统建筑少很多，是一种采用绿色材料、实现绿色施工的环境友好型建筑。

（6）适应性强，可建造在各种条件的场地上。

（7）建造成本低。由于跨海长途运输的成本较高，运送空箱回出口地以再次载货的成本比直接采购新箱体的还高。因此，海运集装箱到达目的地卸货后，往往直接被弃置。相当一部分集装箱建筑采用的就是这些提前退出服役的集装箱，其建造成本也因此大幅降低。

2．集装箱建筑技术要点

将集装箱作为预制单元应用于建筑领域时，其职能发生了转变，由运载货物的大型容器变为人类工作、生活的空间。为了使其满足建筑功能需求，在将集装箱改造为建筑时，主要有以下两个技术要点。

（1）建筑设计方面的技术要点是保温隔热方案。适宜的室内温度和湿度是人们生活和生产的基本要求，因此，必须在集装箱上添加必要的保温隔热部品，以使其具备建筑必需的使用条件和舒适度。同时，采取何种保温隔热材料也会直接影响到集装箱建筑的建造成本。目前，常用的保温隔热材料有：① 聚亚安酯发泡材料；② 玻璃棉或岩棉；③ 陶瓷隔热涂料；④ 纸（蜂窝）板；⑤ 稻草板。东南亚国家还有使用植物墙、竹板作为保温隔热材料。

（2）结构设计方面的技术要点是集装箱建筑箱体连接节点。多个集装箱拼接成一个完整的结构体后，箱体和基础以及箱体和箱体间的连接节点是保障整体承载力的关键部位。在飓风或地震作用下，集装箱体很有可能出现倾覆的趋势，此时角柱中将出现拉力，箱体和箱体、基础间可能发生错位，如果没有可靠的节点连接，建筑将发生严重变形、破坏、甚至倒塌。

现有的钢结构箱式建筑箱体拼接节点主要有焊接、角件连接、垫件连接和角柱连接4种形式。而PC箱式建筑墙体施工与整体剪力墙施工是相似的，可以参考整理剪力墙施工。

3.6　管线预留预埋

建筑工程中给水排水管道有很多要穿越楼板或墙面，一般情况下从施工到结构封顶都不能进行管道施工，如果管道安装和其他工种作业交叉进行，就容易损坏管道或因砂浆等杂物进入而堵塞管道，产生质量问题。

根据设计图纸将预埋机电管线绑扎固定，有地面管线需埋入墙板的必须严格控制其定位尺寸并固定牢固，其伸出混凝土完成面不得小于 50 mm，用胶带纸封闭管口。

管线预留预埋需注意以下几点：

（1）做好施工技术交底。在技术交底时要明确预留孔洞和预埋套管的准确位置，不能存在麻痹大意思想，认为预留多少或位置稍有偏差关系不大。在施工实践中，常常出现因预留孔洞和预埋套管的不合理而造成专业位置发生冲突，最终只能采取较大范围调整的办法，从而造成浪费。

（2）套管制作要符合施工规范和施工图集要求。预埋套管和构件的制作方法直接影响着后期的施工质量，施工单位应严把质量关，施工必须符合设计图纸，施工规范和施工图集的要求。

（3）和土建施工密切配合，保证预埋及时。管道穿越基础预留洞 管道穿越楼板预留洞、支架预埋钢构件应在土建施工时提前做好，不可在主体完成后再开凿孔洞以满足管道安装的要求，严禁乱砸孔洞，甚至割断楼板主筋，避免造成破坏成品及结构强度。

（4）加强混凝土浇筑现场的指导。在混凝土浇筑时，要安排专业人员在现场负责预留孔洞和预埋套管监督，发现问题及时处理。

3.6.1　水暖安装洞口预留

当水暖系统中的一些穿楼板（墙）套管不易安装时，可采用直接预埋套管的方法，埋设于楼（屋）面、空调板、阳台板上，包括地漏、雨水斗等。有预埋管道附件的预制构件在工厂加工时，应做好保洁工作，避免附件被混凝土等材料污染，堵塞。

由于预制混凝土构件是在工厂生产现场组装的，与主体结构间是靠金属件或现浇处理进行连接的。因此，所有预埋件的定位除了要满足距墙面、穿越楼板和穿梁的结构要求外，还应给金属件和墙体留有安装空间，一般距两侧构件边缘不小于 40 mm。

装配式建筑宜采用同层排水。当采用同层排水时，下部楼板应严格按照建筑，结构给水排水专业的图纸预留足够的施工安装距离，并且应严格按照给水排水专业的图纸，预留好排水管道的预留孔洞。

3.6.2　电气安装预留预埋

1．预留孔洞

预制构件一般不得再进行打孔，开洞，特别是预制墙应按设计要求标高预留好过墙的孔洞，重点注意预留的位置，尺寸，数量等应符合设计要求。

2．预埋管线及预埋件

电气施工人员对预制墙构件进行检查，检查需要预埋的箱盒，线管、套管、大型支架埋件等是否漏设，规格，数量，位置等是否符合要求。预制墙构件中主要埋设：配电箱等电位联结箱、开关盒、插座盒、弱电系统接线盒、消防显示器、控制器、按钮、电话、电视、对讲等及其管线。预埋管线应畅通，金属管线内外壁应按规定做除锈和防腐处理清除管口毛刺。埋入楼板及墙内管线的保护层不小于 15 mm，消防管路保护层不小于 30 mm。

3．防雷、等电位联结点的预埋

装配式建筑的预制柱是在工厂加工制作的，两段柱体对接时，较多采用的是套筒连接方式，即一段柱体端部为套筒，另一段柱体端部为钢筋，钢筋插入套筒后注浆。如用柱结构钢筋作为防雷引下线，就要将两段柱体钢筋用等截面钢筋焊接起来，达到电气贯通的目的。选择柱内的两根钢筋为引下线和设置预埋件时，应尽量选择在预制墙、柱的内侧，以便于后期焊接操作。预制构件生产时应注意避雷引下线的预留预埋，在柱子的两个端部均需要焊接与柱筋同截面的扁钢，将其作为引下线埋件。应在设有引下线的柱子室外地面上 500 mm 处，设置接地电阻测试盒，测试盒内测试端子与引下线焊接。此处应在工厂加工预制柱时做好预留，预制构件进场时现场管理人员进行检查验收。

预制构件应在金属管道入户处做等电位联结，卫生间内的金属构件也应进行等电位联结，所以在生产加工过程中，应在预制构件中预留好等电位联结点。整体卫浴内的金属构件须在部品内完成等电位联结，并标明和外部联结的接口位置。

为防止侧击雷，应按照设计图纸的要求，将建筑物内的各种竖向金属管道与钢筋连接，部分外墙上的栏杆、金属门窗等较大金属物要与防雷装置相连，结构内的钢筋连成闭合回路作为防侧击雷接闪带。均压环及防侧击雷接闪带均须与引下线做可靠连接，预制构件处需要按照具体设计图纸要求预埋连接点。

3.6.3 整体卫浴安装预留预埋

施工测量卫生间截面进深、开间、净高、管道井尺寸、窗高，地漏、排水管口的尺寸，预留的冷热水接头、电气线盒、管线、开关、插座的位置等，此外应提前确认楼梯间，电梯的通行高度、宽度以及进户门的高度、宽度等，以便于整体卫浴部件的运输。

预留预埋前，进行卫生间地面找平、给水排水预留管口检查，确认排水管道及地漏是否畅通、无堵塞现象。检查洗脸面盆排水孔是否可以正常排水，对给水预留管口进行打压检查，确认管道无渗漏水问题。

按照整体卫浴说明书进行防水底盘加强筋的布置，布置加强筋时应考虑底盘的排水方向，同时应根据图纸设计要求在防水底盘上安装地漏等附件。

3.7 居住建筑全装修施工

1．基本知识

居住建筑全装修工程是实现土建装修一体化、设计标准化、装修部品集成供应、绿色施工，提高工程质量、节能减排的必要手段。

（1）全装修是指居住建筑在竣工前，建筑内部所有功能空间固定面全部铺装或粉刷完成，厨房和卫生间的基本设备全部安装完成；水，暖，电，通风等基本设备全部安装到位。

（2）部品是由基本建筑材料，产品，零配件等通过模数协调组合，工业化加工，作为系统集成和技术配套的部件，可在施工现场进行组装；为建筑中的某一单元且满足该部位规定的一项或者几项功能要求。

（3）全装修基础工程是装饰装修施工开始之前，对原房屋土建项目进行的后续工程，主要包含隔墙、水电安装、抹灰，木作，油漆等项目。

2．全装修工程的设计

（1）全装修设计应遵循建筑、装修、部品一体化的设计原则，推行装修设计标准化模数化、通用化。

（2）全装修设计应遵循各部品（体系）之间集成化设计原则，并满足部品制造工厂化、施工安装装配化要求。

（3）施工综合图是在全装修设计图纸基础上，经过多专业共同会审协调，以具体施工部位为对象的、集多工种设计于一体的、用于直接指导施工的图纸，旨在反映所使用构（配）件，设备和各类管线的材质、规格、尺寸、连接方式和相对位置关系等。保证做到：

① 建筑、结构、机电设备、装饰各专业的二次装配施工图进行图纸叠加，确认各专业图示的平面位置和空间高度进行相互避让与协调。

② 应以装饰饰面控制为主导，遵循小断面避让大断面、侧面避让立面、阴接避让阳接的避让原则。

③ 室内装饰装配施工前，应进行装配综合图的确认工作，并经设计单位审核认可后，方可作为装配施工依据。

④ 施工过程中应减少对装配施工综合图和选用部件型号等事项的修改，如需修改时，应出具正式变更文件存档。

⑤ 采用统一，明确的配套性区域编码，实现无误的配套性区域标准化装配施工。

⑥ 特殊的节能原则，即：零部件产品标准化，可拆装性及返厂进行多次加工翻新、改变色，质地的反复应用的特性。

3. 全装修工程的组成

（1）装配式居住建筑全装修。

装配式居住建筑全装修包括：预制构件，部品的装修施工和一般性装修施工。

（2）预制构件部品。

预制构件，部品主要包含：

① 非承重内隔墙系统；

② 集成式厨房系统；

③ 集成式卫生间系统；

④ 预制管道井；

⑤ 预制排烟道；

⑥ 预制护栏。

预制构件，部品的装修施工一般在预制工厂内完成，限于本书篇幅，本章节仅介绍"非承重内隔墙系统"和"集成式卫生间系统"。

由于"集成式厨房系统"与"集成式卫生间系统"的组成类似，可参照相关内容进行设计，施工和验收。

"预制管道井""预制排烟道""预制护栏"的装饰施工过程因与"非承重内隔墙系统"相似，本章节不再重复进行介绍。

（3）一般性全装修施工。

一般性全装修施工包括：防水工程、内门窗工程，吊顶工程、墙面装饰工程、地面铺装工程、涂饰工程、细部工程等。由于"一般性全装修施工"的施工流程与传统的施工工艺没有区别，因此本章节不再对此部分内容做重复介绍。

（4）非承重内隔墙系统的施工。

① 施工前准备。

A. 检查验收主体墙面是否符合安装要求。

B. 检查产品编号、要求与图纸是否相符，核对预安装产品与已分配场地是否相符。

C. 检查防潮，防护，防腐处理是否达到要求。

D. 核对发货清单（饰面部件清单、配件清单）与到货数量是否正确，是否有质量问题，并填写检查表。

② 施工操作步骤。

操作步骤：熟悉图纸、测量现场尺寸与设计—放线—安装锚固件—按顺序安装隔墙板—安装 L、U、T 形改向配板—安装收口板—检查、验收、成品保护。

室内饰面隔墙板安装的允许偏差及检验方法见表 3-3。

表 3-3　室内饰面隔墙板安装的允许偏差及检验方法

项次	项　目	允许偏差/mm						检验方法
		石材		瓷板	木板	塑料	金属	
		光面	麻面					
1	立面垂直度	2	3	2	1.5	2	2	激光标线仪和 2 m 垂直检测尺检查
2	表面平整度	2	—	1.5	1	3	3	激光标线仪和 2 m 靠尺、塞尺检查
3	阴阳角方正	2	4	2	1.5	3	3	直角检测尺检查
4	接缝直线度	2	4	2	1	1	1	激光标线仪和钢直尺或者拉 5 m 线，不足 5 m 拉通线，钢直尺检查
5	墙裙、踢脚线上口直线度	2	3	2	2	2	2	激光标线仪和钢直尺或者拉 5 m 线，不足 5 m 拉通线，钢直尺检查
6	接缝高低差	0.5	—	0.5	0.5	1	1	钢直尺和塞尺检查
7	接缝宽度	1	2	1	1	1	1	钢直尺检查

（5）集成式卫生间的设计与施工。

随着人们生活质量的不断提高，人们对住宅卫生间的品质要求也越来越高。传统湿作业卫生间因渗水、漏水等问题已经越来越满足不了人们对生活质量的要求。集成式卫生间解决了传统湿作业卫生间的渗水、漏水问题，同时也减少了卫生间二次装修带来的建筑垃圾污染。

① 集成式卫生间的概念。

集成式卫生间，就是采用标准化设计、工业化方式生产的一体化防水底盘、墙板及天花板构成的卫生间整体框架，并安装有卫浴洁具、浴室家具、浴屏、浴缸等功能洁具，可以在有限空间内实现洗漱、沐浴、梳妆、如厕等多种功能的独立卫生单元，见图 3-64。

图 3-64　整体卫浴图

集成式卫生间是在工厂内流水线分块生产墙板、底盘、天花板，然后运至施工现场组装而成。整体卫浴是一类技术成熟可靠、品质稳定优良并与国家建筑产业化生产方式，国家绿色节能环保施工相适应的产业化部品。建设工程采用整体卫浴，减少了现场作业量，提高了施工工艺水平，不仅省时省力，还可以降低传统能耗，减少建筑垃圾，科学有效利用资源，创造舒适、和谐的居住环境，具有显著的经济效益和节能环保效益。

② 集成式卫生间施工工艺流程（见图3-65）。

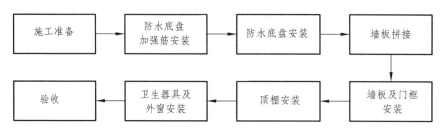

图 3-65 集成式卫生间施工工艺流程图

③ 施工过程技术控制要点。

A. 防水底盘加强筋安装。

按照整体卫浴说明书进行防水底盘加强筋的布置，加强筋布置时应考虑底盘的排水方向，同时应根据图纸设计要求在防水底盘上安装地漏等附件。

B. 防水底盘安装。

防水底盘安装应该遵循"先大后小"的原则，根据卫生间空间尺寸先安装大底盘，再安装小底盘，并应对底盘表面加设保护垫，防止施工中损坏污染防水底盘。然后用水平仪测量，确保防水底盘四周挡水边上的墙板安装面水平，并保证底盘坡向正确、坡度符合排水设计要求。

C. 墙板拼接。

根据墙板编号结合卫生间的尺寸及门洞尺寸，拼接墙板，拼接完成后应检查拼缝大小是否均匀一致，确保相邻两板表面平整一致、拼接缝细小均匀。墙板拼接应首先拼接阴阳角部分的墙板，并安装阴阳角连接片，确保两块墙板拼接牢固，然后拼接其他部分的墙面，并按要求布置安装墙面加强筋及加强筋连接片。

复核卫生间墙面卫生器具安装位置，对墙面进行开孔，确保附件开孔安装位置水平垂直，位置准确无误。然后在墙体前后安装阀门、管线、插座等零部件。

D. 墙板及门框安装。

将拼装好的墙板依次按空间位置摆放在与防水底盘对应的墙板安装面上，并用连接件将墙板与底盘固定牢固。

将靠门角的专用条形墙板安装固定在门结构墙面上，然后将门框与门洞四周的墙板连接固定牢固。

通过墙面检修孔进行浴室给水系统波纹管与用户给水接头的连接以及其他用水卫生器具的水嘴管线连接，并做水压试验，确保管线连接无渗漏。

E. 顶棚安装。

先复核卫生间顶棚灯具、排风扇等附件的安装位置，对顶棚进行开孔并安装风管、灯具等零部件，然后将安装完零部件的顶棚与墙板连接，并进行电气管线的连接及电气试运行，确保线路连接通畅无阻、运行正常。

F. 卫生器具及外窗安装。

在卫生间墙板上根据图纸设计要求，按照整体卫浴安装说明书，依次安装洗面台、坐便器、浴缸、淋浴室、毛巾架、梳妆镜等器具，最后进行卫生间外窗的安装。

④ 施工质量控制要点。

整体卫浴应能通风换气，无外窗的卫浴间应有防回流构造的排气通风道，并预留安装排气机械的位置和条件，且应安装有在应急时可从外面开启的门。

浴缸、坐便器及洗面器应排水通畅、不渗漏，产品应自带存水弯或配有专用存水弯，水封深度至少为 50 mm。卫浴间应便于清洗，清洗后地面不积水。

排水管道布置宜采用同层排水方式，排水工程施工完毕应进行隐蔽工程验收。

底部支撑尺寸 h 不大于 200 mm。安装管道的卫浴间外壁面与住宅相邻墙面之间的净距离 a 由设计确定。

习 题

一、选择题

1. 按照其装配化的程度可将装配式建筑分为半装配式建筑和（   ）两大类。
   A. 全装配式建筑   B. 装配整体式框架结构
   C. 装配整体式剪力墙结构   D. 装配整体式框架剪力墙结构

2. 高层建筑物或受场地条件环境限制的建筑物宜采用"内控法"放线，在房屋的首层，根据坐标设置（   ）条标准轴线控制桩。
   A. 1   B. 2   C. 3   D. 4

3. 楼层标高点偏差不得超过（   ）mm。
   A. 1   B. 2   C. 3   D. 4

4. 梁底支撑采用立杆支撑＋可调顶托＋（   ）木方。
   A. 100 mm×100 mm   B. 200 mm×200 mm
   C. 50 mm×100 mm   D. 100 mm×150 mm

5. 吊装预制墙板根据构件形式及质量选择合适的吊具，超过（   ）个吊点的应采用加钢梁吊装。
   A. 1   B. 2   C. 3   D. 4

6. （   ）是指在预制混凝土构件内预埋的金属套筒中插入钢筋并灌注水泥基灌浆料而实现的钢筋连接方式。
   A. 间接搭接连接   B. 焊接
   C. 钢筋套筒灌浆连接   D. 浆锚连接

7. 根据设计图纸将预埋机电管线绑扎固定，有地面管线需埋入墙板的必须严格控制其定位尺寸并固定牢固，其伸出混凝土完成面不得小于（   ）mm，用胶带纸封闭管口。

A. 10 B. 25 C. 35 D. 50

8. 楼板与柱、剪力墙分开浇筑时，柱前力墙混凝土的浇筑高度应略（　　）叠合楼板底标高。

A 等于 B. 高于 C. 低于

9. 起吊瞬间应停顿（　　）s，测试吊具与吊车之能率，并求得构件平衡性，方可开始往上加速爬升。

A. 1 B. 5 C. 10 D. 15

10. 预制墙板临时支撑安放在背后，通过预留孔（预埋件）与墙板连接，不宜少于（　　）道。

A. 1 B. 2 C. 3 D. 4

二、简答题

1. 预制构件吊装的要求有哪些？
2. 剪力墙结构施工吊装流程。
3. 集装箱建筑的基本定义。
4. PC 构件节点连接注意事项。

4 防水工程施工

4.1 概　述

4.1.1 防水设计理念

建筑物的防水工程一直是建筑施工中非常重要的一个环节，因为防水效果的好坏直接影响到建筑物今后的使用功能是否完善，经常漏水的房屋是无法满足用户居住和使用的需求的。

我们知道水的流动性非常强而且是无孔不入的，因此传统建筑防水最主要的设计理念就是堵水，堵住一切水流可以进入室内的通道以起到防水的效果。这一理念用在传统现浇结构的建筑上还是能达到理想的效果的，但是对于预制装配式建筑来说其效果可能就不那么理想了。

预制装配式建筑就是将建筑物的结构体如：墙板、柱、梁、楼板、楼梯等按一定的规格分拆后在工厂中先进行生产预制，然后运输到现场进行拼装。由于是现场拼装的构配件，会留下大量的拼装接缝，这些接缝很容易成为水流渗透的通道，因此预制装配式建筑在防水上其实是有一定先天弱点的。此外有些预制装配式建筑为了抵抗地震力的影响，其外墙板设计成为一种可在一定范围内活动的外墙，墙板可活动更加增加了墙板接缝防水的难度。

鉴于以上因素，预制装配式建筑防水的设计理念就必须进行调整，我们认为对于预制装配式建筑的防水，导水优于堵水、排水优于防水，简单说就是要在设计时就考虑可能有一定的水流会突破外侧防水层，通过设计合理的排水路径将这部分突破而入的水引导到排水构造中，将其排出室外，避免其进一步渗透到室内。此外利用水流受重力作用自然垂流的原理，设计时将墙板接缝设计成内高外低的企口形状，结合一定的减压空腔设计防止水流通过毛细作用倒爬进入室内，除了混凝土构造防水措施之外，使用橡胶止水带和多组分耐候防水胶完善整个预制墙板的防水体系才能真正做到滴水不漏。

4.1.2 防水材料选择

装配式建筑是在施工现场对预制件进行拼装和部分浇筑，其防水的关键是拼缝部位的密封防水。密封材料的性能将会直接影响装配式建筑的防水效果，一旦密封失效导致渗漏，不仅影响装配式建筑的外观和质量，也会严重影响用户的居住和使用；而且，后续的维修费用，有可能是最初密封胶材料和施工费用的好几倍。目前，虽有行业标准对装配式建筑的施工、设计提出了相应要求，但对装配式建筑接缝用密封胶的具体性能暂时缺乏相应的标准规范要求。现行建筑用密封胶标准中，行业标准 JC/T 881《混凝土建筑接缝用密封胶》适用于道路、桥梁、普通混凝土建筑接缝等，对装配式混凝土建筑接缝用密封胶的性能要求具有一定的参考意义。

密封胶作为 PC 外墙防水的第 1 道防线，其性能的好坏直接影响 PC 建筑的防水效果。常用的建筑密封胶包括硅酮密封胶（SR）、聚氨酯密封胶（PU）、硅烷改性聚醚密封胶（MS）、硅烷改性聚氨酯密封胶（SPU），其性能对比见表 4-1。根据 PC 外墙板的应用部位特点，密封胶应满足以下要求：① 良好的抗位移能力和蠕变性能。预制构件在服役的过程中，由于热胀冷缩作用，接缝尺寸会发生循环变化；一些非结构预制外墙（如填充外墙），为了抵抗地震力的影响，往往要求设计成可在一定范围内活动的预制外墙板，所以密封胶必须具有良好的抗位移能力和蠕变性能；② 优异的黏结性和相容性。PC 外墙为混凝土预制结构，属于多孔材料，孔洞大小及分布不均不利于密封胶的粘接；混凝土本身呈碱性，部分碱性物质迁移至粘接界面也会影响密封胶的粘接效果；预制外墙板生产过程中需采用脱模剂，在一定程度上也会影响密封胶的黏结性能，因此配套的密封胶必须与混凝土基材具有良好的相容性和黏结性；③ 耐候性。《装配式混凝土结构技术规程》（JGJ 1—2014）中明确指出，外墙板接缝所用的防水密封材料应选用耐候性密封胶，密封胶应与混凝土具有兼容性，并具有低温柔性、防霉性及耐水性等性能。密封材料选用不当，会影响 PC 建筑的使用寿命和使用安全。④ 耐污染性。密封胶中含有一定量未参与反应的小分子物质，随着服役时间的增加，未反应的小分子物质极易游离渗透到混凝土中；由于静电作用，一些灰尘也会黏附在混凝土板缝的周边，产生黑色带状的污染，严重影响建筑外表面的美观。

表 4-1　常用建筑密封胶优缺点对比

项　目	密封胶分类			
	SR	PU	MS	SPU
抗位移能力	好	好	好	好
黏结能力	好	好	很好	很好
耐候性能	很好	普通	好	很好
耐污染性	差	好	好	好

4.2　外墙板接缝防水

预制外墙板是目前国内 PC 建筑中运用最多的一种形式，预制外墙板表面平整度好，整体精度高，同时又可以将建筑物的外窗以及外立面的保温及装饰层直接在工厂预制完成，获得了很多开发商的青睐。由于预制外墙是分块进行拼装的，不可避免地会遇到连接接缝的防水处理问题，因此我们必须高度重视预制外墙防水节点的处理工作。

4.2.1　外墙板接缝防水构造

预制外墙板的接缝应满足保温、防火、隔声的要求。预制外墙板的板缝处，应保持墙体保温性能的连续性。对于夹心外墙板，当内叶墙体为承重墙板，相邻夹心外墙板间浇筑有后浇混凝土时，在夹心层中保温材料的接缝处，应选用 A 级不燃保温材料，如岩棉等填充。夹芯保温外墙板后浇混凝土连接节点区域的钢筋连接施工时，不得采用焊接连接。

装配式建筑外墙的设计关键在于连接节点的构造设计。对于承重预制外墙板、预制外挂墙板、预制夹心外墙板等不同外墙板连接节点的构造设计，悬挑构件、装饰构件连接节点的构造设计，以及门窗连接节点的构造设计等，均应根据建筑功能的需要，满足结构、热工、防水、防火、保温、隔热、隔声及建筑造型设计等要求。预制外墙板的各类接缝设计应构造合理、施工方便、坚固耐久，并结合本地材料、制作及施工条件进行综合考虑。图 4-1 和图 4-2 分别为预制承重夹心外墙板板缝构造及预制外挂墙板板缝构造的示意，仅供参考。

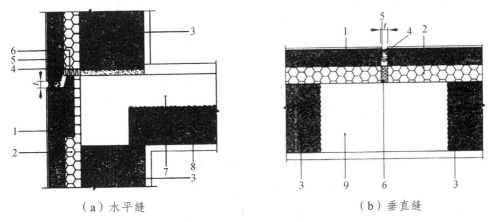

（a）水平缝　　　　　　　（b）垂直缝

1—外叶墙板；2—夹心保温层；3—内叶承重墙板；4—建筑密封胶；5—发泡芯棒；6—岩棉；
7—叠合板后浇层；8—预制楼板；9—边缘构件后浇混凝土。

图 4-1　预制承重夹心外墙板接缝构造示意

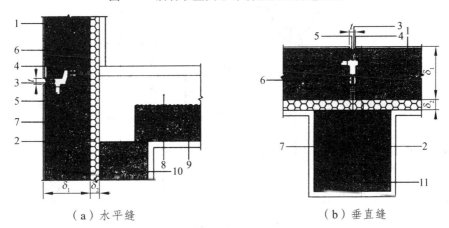

（a）水平缝　　　　　　　（b）垂直缝

1—外挂墙板；2—内保温；3—外层硅胶；4—建筑密封胶；5—发泡芯棒；6—橡胶气密条；
7—耐火接缝材料；8—叠合板后浇层；9—预制楼板；10—预制梁；11—预制柱。

图 4-2　预制外挂墙板接缝构造示意

根据 JGJ1—2014 中的 5.3.4 条文规定：预制外墙板的接缝及门窗洞口等防水薄弱部位宜采用材料防水和构造防水相结合的做法，并应符合下列规定：

（1）墙板水平接缝宜采用高低缝（见图4-3）或企口缝（见图4-4）构造。

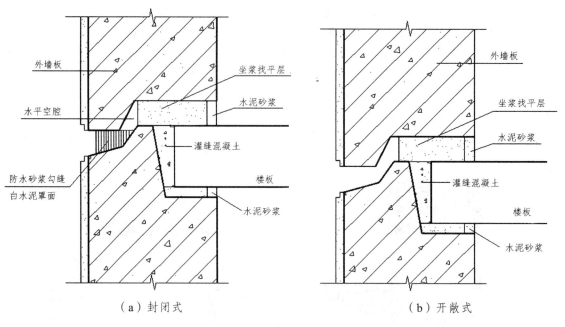

（a）封闭式　　　　　　　　　　　　（b）开敞式

图 4-3　高低缝防水

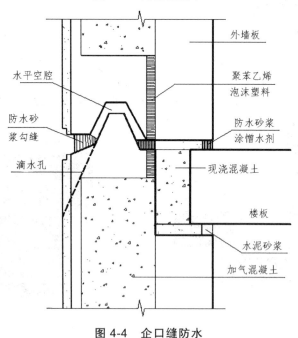

图 4-4　企口缝防水

（2）墙板竖缝可采用平口或槽口构造。

上述内容中的构造防水是采取合适的构造形式，阻断水的通路，以达到防水的目的。如在外墙板接缝外口设置适当的线型构造（立缝的沟槽，平缝的挡水台、披水等），形成空腔，截断毛细管通路，利用排水构造将渗入接缝的雨水排出墙外，防止向室内渗漏。

材料防水是靠防水材料阻断水的通路，以达到防水的目的或增加抗渗漏的能力。如预制外墙板的接缝采用耐候性密封胶等防水材料，用以阻断水的通路。用于防水的密封材料应选用耐候性密封胶；接缝处的背衬材料宜采用发泡氯丁橡胶或发泡聚乙烯塑料棒；外墙板接缝中用于第二道防水的密封胶条，宜采用三元乙丙橡胶、氯丁橡胶或硅橡胶。

根据《装配式混凝土建筑技术标准》（GBT 51231—2016）中 10.3.7 预制剪力墙板安装应符合下列规定：采用灌浆套筒连接、浆锚搭接连接的夹芯保温外墙板应在保温材料部位采用弹性密封材料进行封堵，如图 4-5 和图 4-6 所示：

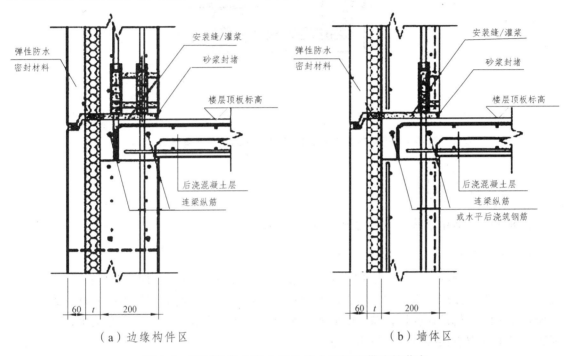

（a）边缘构件区　　　　　　　　　　　　　（b）墙体区

图 4-5　预制混凝土剪力墙外墙水平后浇带连接节点

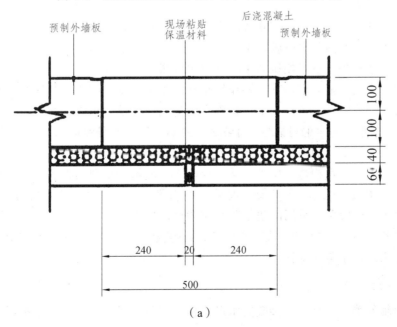

（a）

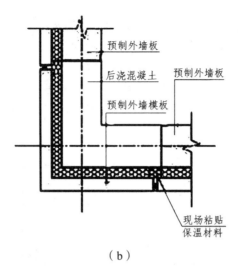

（b）

图 4-6　预制混凝土剪力墙外墙竖向后浇段推荐连接节点

4.2.2　外墙板接缝防水形式

目前在实际运用中普遍采用的预制外墙板接缝防水形式主要有以下几种：

1．接缝防水

内浇外挂的预制外墙板（即 PCF 板）主要采用外侧排水空腔及打胶，内侧依赖现浇部分混凝土自防水的接缝防水形式。这种外墙板接缝防水形式是目前运用最多的一种形式，它的好处是施工比较简易速度快，缺点是防水质量难以控制，空腔堵塞情况时有发生，一旦内侧混凝土发生开裂直接导致墙板防水失败。

2．封闭式线防水

外挂式预制外墙板采用的封闭式线防水形式。这种墙板防水形式主要有 3 道防水措施，最外侧采用高弹力的耐候防水硅胶，中间部分为物理空腔形成的减压空间，内侧使用预嵌在混凝土中的防水橡胶条上下互相压紧来起到防水效果，在墙面之间的十字接头处在橡胶止水带之外再增加一道聚氨酯防水，其主要作用是利用聚氨酯良好的弹性封堵橡胶止水带相互错动可能产生的细微缝隙，对于防水要求特别高的房间或建筑，可以在橡胶止水带内侧全面施工聚氨酯防水，以增强防水的可靠性。每隔 3 层左右的距离在外墙防水硅胶上设一处排水管，可有效地将渗入减压空间的雨水引导到室外。

封闭式线防水的防水构造采用了内外三道防水，疏堵相结合的办法，其防水构造是非常完善的，因此防水效果也非常好，缺点是施工时精度要求非常高，墙板错位不能大于 5 mm 否则无法压紧止水橡胶条，采用的耐候防水胶的性能要求比较高，不仅要有高弹性耐老化，同时使用寿命要求不低于 20 年，成本比较高，结构胶施工时的质量要求比较高，必须由专业富有经验的施工团队来负责操作。

3．开放式线防水

外挂式预制外墙板还有一种接缝防水形式称为开放式线防水。这种防水形式与封闭式线防水在内侧的两道防水措施即企口型的减压空间以及内侧的压密式的防水橡胶条是基本相同的，但是在墙板外侧的防水措施上，开放式线防水不采用打胶的形式，而是采用一端预埋在墙板内，另一端伸出墙板外的幕帘状橡胶条上下相互搭接来起到防水作用，同时外侧的橡胶条间隔一定距离设置不锈钢导气槽，同时起到平衡内外气压和排水的作用。

开放式线防水形式最外侧的防水采用了预埋的橡胶条，产品质量更容易控制和检验，施工时工人无需在墙板外侧打胶，省去了脚手架或者吊篮等施工措施，更加安全简便，缺点是对产品保护要求较高，预埋橡胶条一旦损坏更换困难，耐候性的橡胶止水条成本也比较高。开放式线防水是目前外墙防水接缝处理形式中最为先进的形式，但其是一项由国外公司研发的专利技术，受专利使用费用的影响，目前国内使用这项技术的项目还非常少。

4.3　防水处理的施工要点

4.3.1　预制外墙板接缝的密封防水施工要点

从防水工程的角度来看，装配式混凝土建筑关注的重点主要在建筑物的地上部分，通常从地上二层开始，一层及以下仍采取与现浇结构完全相同的方式建造；屋面如不采用 PC 结构，其构造与施工与现行 GB50345—2012《屋面工程技术规范》的规定基本一致；室内由于采用 PC 构件加节点现浇（或灌浆连接）的工艺，防水功能比较容易得到保证。因此，如果要探讨装配式混凝土建筑中防水工程的特点，除去与地下、屋面和室内等与现浇混凝土结构完全相同的环节之外，需要重点关注及难点主要是预制外墙板接缝的密封防水。

目前预制外墙板接缝的防水处理技术在工艺上还是比较复杂的，因此在施工时也有比较大的施工难度，在实际施工时我们应根据不同的外墙板接缝设计要求制定有针对性的施工方案和措施。具体的我们在施工时应注重以下几个施工要点：

（1）墙板施工前做好产品的质量检查。

预制墙板的加工精度和混凝土养护质量直接影响墙板的安装精度和防水情况，墙板安装前必须认真复核墙板的几何尺寸和平整度情况，检查墙板表面以及预埋窗框周围的混凝土是否密实，是否存在贯通裂缝，混凝土质量不合格的墙板严禁使用。此外我们还需要认真检查墙板周边的预埋橡胶条的安装质量，检查橡胶条是否预嵌牢固，转角部位是否有破损的情况，是否有混凝土浆液漏进橡胶条内部造成橡胶条变硬失去弹性，橡胶条必须严格检查确保无瑕疵，有质量问题必须更换后方可进行吊装。

（2）墙板施工时严格控制安装精度。

墙板吊装前认真做好测量放线工作，不仅要放基准线还要把墙板的位置线都放出来以便于吊装时墙板定位。墙板精度调整一般分为粗调和精调两步，粗调是按控制线为标准使墙板就位脱钩，精调要求将墙板轴线位置和垂直度偏差调整到规范允许偏差范围内，实际施工时一般要求不超过 5 mm。

（3）墙板接缝防水施工时严格按工艺流程操作，做好每道工序的质量检查墙板接缝外侧打胶要严格按照设计流程来进行，基底层和预留空腔内必须使用高压空气清理干净。打胶前背衬深度要认真检查，打胶厚度必须符合设计要求，打胶部位的墙板要用底涂处理增强胶与混凝土墙板之间的黏结力，打胶中断时要留好施工缝，施工缝内高外低，互相搭接不能少于5 cm。墙板内侧的连接铁件和十字接缝部位使用打聚氨酯密封处理，由于铁件部位没有橡胶止水条，施工聚氨酯前要认真做好铁件的除锈和防锈工作，聚氨酯要施打严密不留任何缝隙，施工完毕后要进行泼水试验确保无渗漏后才能密封盖板。

（4）施工完毕后进行防水效果试验，及时妥善有效处理渗漏问题，墙板防水施工完毕后，应及时进行淋水试验以检验防水的有效性，淋水的重点是墙板十字接缝处、预制墙板与现浇结构连接处以及窗框部位，淋水时宜使用消防水龙带对试验部位进行喷淋，外部检查打胶部位是否有脱胶现象，排水管是否排水顺畅，内侧仔细观察是否有水印，水迹。发现有局部渗漏部位必须认真做好记录查找原因及时处理，必要时可在墙板内侧加设一道聚氨酯防水提高防渗漏安全系数。

4.3.2　装配式建筑密封胶施工工艺

随着国家对装配式建筑的大力扶持，装配式建筑近年来呈现快速发展之势。装配式建筑密封胶作为装配式建筑的关键配套材料越来越引起大家的关注和重视。

俗话说"三分材料，七分施工"，这或许有些夸张，但施工的优劣却直接关系到装配式建筑防水密封效果，从而影响着装配式建筑的质量和品质。本节主要包括了打胶的工艺流程、注意事项及常见问题处理。

1．装配式建筑密封胶施工工艺流程

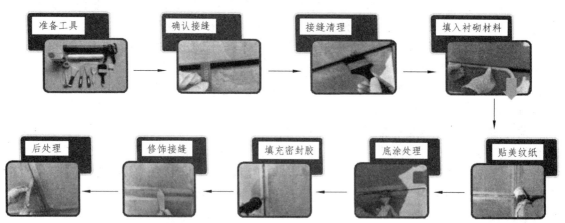

图 4-7　装配式建筑密封胶施工工艺流程

（1）准备工具。

施工前，准备好施工所用材料、工具。图 4-8 中工具分别为：密封胶、胶枪、刮刀、美纹纸、底涂用硬刷、除尘用软刷。

（2）确认胶缝。

打胶前首先要确认接缝状况，如遇胶缝被水泥砂浆或发泡材料等堵塞导致接缝过窄、PC板块、破损等异常情况，需进行特殊处理。然后要测量接缝宽度，确定打胶深度（见图 4-9）。

合理的接缝宽度能使密封胶得到充分填充，确保密封胶对位移的承受能力，维持优异的黏结性、耐久性以及防止未完全固化。施工时，也可确保进行两面黏结施工，避免三面黏结。

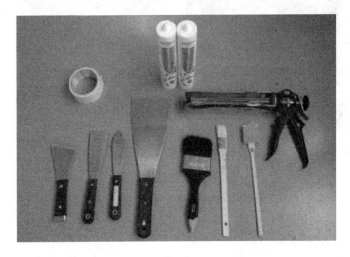

图 4-8　打胶工艺工具准备

图 4-9　确认接缝尺寸

（3）清扫施工面。

装配式建筑接缝外，可能存在灰尘、被吸附的油分、水分、锈、水泥浮浆等不利于密封胶黏结物，从而影响密封胶的性能，需要清除。一般可用钢丝刷或砂纸进行第一道清扫，如图 4-10 所示。

如若灰尘很多，可用鼓风机进行吹扫，然后用毛刷进行第二道清扫，清除灰尘。处理过的基材表面应干净，干燥，清洁，质地均匀。

（4）填入衬砌材料。

使用衬垫材料如泡沫棒需考虑接缝尺寸的偏差，通常泡沫棒的宽度要比胶缝宽度大20%～30%为宜。衬垫材料（如图 4-11 所示）装填好后如遇降水、降雪淋湿衬垫材料，要进行再次装填或进行充分干燥。

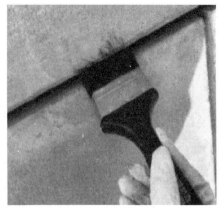

图 4-10　清扫施工面

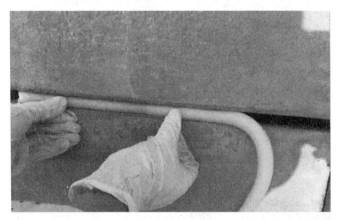

图 4-11　填入衬砌材料

（5）粘贴美纹纸。

在所选定的位置上涂刷底涂前进行美纹纸粘贴，以防止施工过程中周边污染以及方便修饰，起到美观作用。且仅限于当天施工范围内的作业中使用，打完胶后立刻将其摘除，如图 4-12 所示。

图 4-12　粘贴美纹纸

（6）底涂处理。

在接缝水泥基材两面涂刷底涂。底涂可强化多孔基材表面的稳定性，减少灰尘对密封胶粘接性能的影响，防止被黏结体成分（如水，碱性物质）表面迁移至密封胶层，同时可防止残留 PC 板脱模剂与密封胶作用，从而影响密封胶的性能。

待底涂干燥后（通常情况下 10～15 min 内）方可施工，且应在底涂涂刷后 8 h 内完成。如有脏物或灰尘被黏附时，须将异物除去后再次涂刷，遇到密封胶施工顺延至第二天时，需再次涂刷底涂，如图 4-13 所示。

图 4-13　底涂处理

（7）填充密封胶。

混胶：单组分密封胶可直接填充密封胶，若是双组分密封胶，用专用混胶机将密封胶混好，如图 4-14 所示，混胶工序如下：

① 将定量包装好的固化剂、色料添加至主剂桶中。

② 将主剂桶置于专用的混胶机器上，扣好固定卡扣，安装搅拌桨。

图 4-14　搅拌混胶

③ 设置搅拌时间 15 min，启动电源开关，按设定的程序自动进行混胶；建议不要分多次搅拌和使用手动搅拌机，以防止气泡混入。混胶结束后，可通过蝴蝶试验来判断混胶是否均匀，如胶样无明显的异色条纹，可认为混胶均匀。

④ 将搅拌桨取出并将附着在桨上的密封胶刮入桶内，然后取出主剂桶垂直震击数次。

⑤ 将已混好后的密封胶用专用的胶枪抽取使用，注意已混好的密封胶应尽快使用，避免阳光照射。

填充密封胶：胶嘴直径应小于注胶接缝宽度，施胶时将胶嘴伸至接缝底部，注胶应缓慢、连续均匀，确保接缝充满密封胶，防止胶嘴移动过快产生气泡或空穴；交叉的接缝以及边缘处，填充时要特别注意防止气泡产生，如图 4-15 所示。

图 4-15　填充密封胶

（8）修饰接缝。

打胶完成后，首先对着打胶的反方向用专用刮刀进行 1 次按压，之后反方向按压，如图 4-16 所示。

（9）后处理。

修饰完成后应立刻去除美纹纸。施工场所黏附的胶样要趁其在固化之前用溶剂进行去除，并对现场进行清扫，如图 4-17 所示。

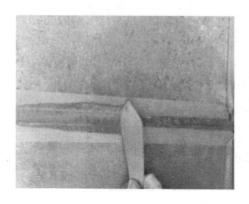

图 4-16　修饰接缝

图 4-17　后处理

2．打胶过程注意事项及常见问题处理

为保证获得较好的黏结和密封胶优异的性能，装配式建筑板块接缝密封施工时需注意以下事宜：

（1）应在温度 4～40 ℃，相对湿度 40%～80% 的清洁环境下施工，下雨、下雪时不能施工。

（2）混凝土基面未干燥不宜施工。

（3）底涂涂刷好后，须涂层干燥后（约 15～30 min）方可进行密封胶施工，且应在底涂涂刷后 8 h 内完成，如果有脏东西或灰尘被黏附时，要将异物除去后再次进行涂刷。如遇到密封胶施工顺延到第 2 天时，需要再次进行涂刷底涂的操作。

（4）浅色或特殊颜色密封胶应避免与酸性或碱性物质接触（比如外墙清洗液等），否则可能导致密封胶表面发生变色。

（5）施胶后 48 h 内密封胶未完全固化，密封接缝不允许有大的位移，否则会影响密封效果。

3．密封胶常见问题

常用的建筑密封胶主要有硅酮类、硅烷改性聚醚类、聚硫类、聚氨酯类等，不同密封胶性能完全不同，选错密封胶导致严重后果，见图 4-18。

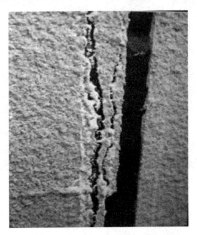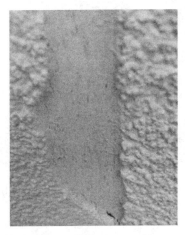

图 4-18　选错密封胶导致外墙砂浆开裂

基于加速老化试验结果得出，聚氨酯胶与聚硫胶耐候性较差，在老化过程中容易出现胶硬化、弹性下降而导致密封失效，如图4-19所示。硅酮胶与硅烷改性聚醚胶耐候性能较好，老化试验过程中能保持优异的性能，都能很好满足装配式建筑长久密封要求。

若无涂饰性要求，可选用硅酮胶或聚醚胶，都能很好满足接缝密封的要求。

若有涂饰性要求的胶缝，应选用硅烷改性聚醚胶。

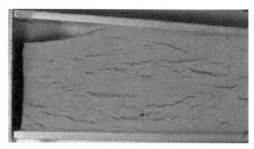

图4-19 聚硫胶、聚氨酯胶老化开裂

4.4 PC结构防水工程施工实例

本节主要结合已经投入使用的工程实例，对装配式建筑外墙防水构造、节点的防水处理进行介绍并总结质量控制要点，为提高装配式外墙防水的质量提供参考。

1. 工程概况

万科麓城项目位于深圳市龙岗区布吉水径，总建筑面积为20万平方米，由8栋25层和4栋24层高层住宅组成（图4-20）。标准层层高2.9 m。该项目产业化程度高，全部为装配整体式住宅，即核心筒体为现浇结构，外围护结构为装配式剪力墙结构。

图4-20 工程外观

2. 预制墙板竖向接缝防水处理

预制外墙板的竖向接缝设成槽口构造，接缝最外侧嵌填了耐候防水密封胶，中间部分为构造空腔形成的减压空间，内侧使用预嵌在混凝土中的空心橡胶管止水带，互相压紧后起到防水效果。

在预制墙板的十字接头处，又在橡胶止水带之外涂覆了聚氨酯建筑密封胶，其主要作用是利用聚氨酯建筑密封胶良好的弹性，来封堵橡胶止水带相互错动可能产生的细微缝隙（图4-21）。另外，为了防止渗入到接缝空腔的雨水渗入室内，在竖向板接缝的空腔内，每隔一定距离就设置导水管并用密封胶固定，起到平衡内外气压和排水的作用（图4-22）。

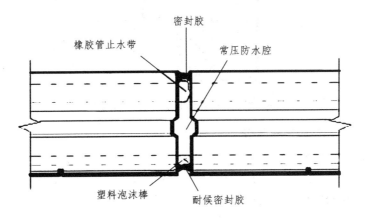

图 4-21　预制外墙板竖向接缝防水处理

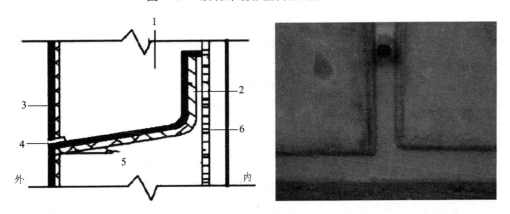

1—预制外墙板；2—竖缝空腔内截水泡沫背衬及密封胶；3—预制板墙竖向拼缝外侧背衬泡沫及密封胶；
4—泄水孔；5—水平截水泄水坡度；6—竖向缝内空心橡胶管止水带。

图 4-22　竖向板缝内设置导水管

3．预制墙板水平接缝防水处理

预制外墙板水平接缝计成内高外低的企口形状，并结合一定的减压空腔设计，利用水流自然垂流的原理，防止水流通过毛细作用倒吸进入室内。除了混凝土构造的防水措施之外，在接缝的外侧嵌填耐候防水密封胶，内侧使用预嵌在混凝土中的空心橡胶管止水带，互相压紧后起到防水效果。在墙板之间的十字接头处，除预嵌橡胶止水带之外，还局部增贴了高分子咬合型接缝带（图4-23），以增强防水效果。

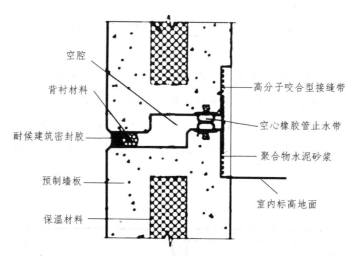

图 4-23 预制外墙板水平缝防水构造

4．预制墙板与后浇混凝土结合处的防水处理

本工程中，在外墙转角、内墙转角、纵横墙交接部位、相邻预制剪力墙之间设置了现浇段。预制剪力墙的水平钢筋在现浇段内锚固，与现浇段内水平钢筋焊接连接。在预制剪力墙与现浇混凝土的结合处用密封材料进行密封防水处理。

5．构造节点防水处理

（1）外门窗节点防水。

本工程预制外墙门窗采用的是集成预制后装法，即在工厂内预埋钢窗附框，现场安装窗框。其外门窗节点的防水构造设计如下：

① 内窗台比外窗台高。外窗台伸出墙面不小于 60 mm，设有一定的排水坡度，下设滴水线槽，滴水槽的深度和宽度为 15～20 mm。与外窗下框的交接处预留了凹槽，并用聚氨酯建筑密封胶嵌缝。

② 门窗上楣的外口设置了滴水线，可以阻止顺墙下流的雨水爬入门窗上口。外窗框与结构的交接处预留了 5 mm×5 mm（宽×深）凹槽，采用聚氨酯建筑密封胶嵌缝。

③ 在门窗框与预埋附框之间填充了聚氨酯发泡胶，为确保发泡胶连续完整，留有凹槽，并用聚氨酯建筑密封胶再次嵌缝。门窗框与结构之间的嵌填密封处理，与外墙防水层保持连续性，能更有效阻止雨水从门窗框四周流向室内。

④ 为确保门窗的自防水质量，选用了具有一定刚度的铝合金型材。铝合金型材拼料的接口处、铝合金窗框的榫接、铆接、滑撑、方槽、螺钉等部位，均采用弹性好、黏结性能、耐候性能优异的密封材料进行严实密封。

（2）预留孔洞防水。

除了预制外墙板上，为给排水管道、燃气管道预留进出的洞口外，装配式建筑施工期间的垂直运输机械，如塔吊、人货电梯与结构之间，必须设置附墙杆件，需在结构外墙上设置连墙件，卸除后会留下施工孔洞，均需逐一进行预留洞口的补砌、补浇、封堵。墙身上的各种孔洞如修补不密实，在孔洞部位因砂浆的干缩形成裂缝缝隙或毛细孔后，雨水会沿着外墙面流入这些洞口周边堵塞不严的接缝中，形成流水通道而导致渗漏。

①　对于外墙板预留的孔洞，考虑到外墙板在厂内预制加工时已埋放了防水套管，现场外墙面各构造层施工前可临时嵌放孔洞模具，面层收口时孔洞根部的周边应留置凹槽，当管道穿过预留孔洞安装固定后，用聚合物水泥砂浆或聚氨酯发泡胶将管道与穿墙套管的缝隙填塞密实（图4-24）。套管与混凝土墙身之间的凹槽，在嵌填密封胶密封材料前，应先涂刷基层处理剂，再嵌填单组分聚氨酯建筑密封胶；外密封胶嵌入深度为缝宽的 0.5 ~ 0.7 倍。

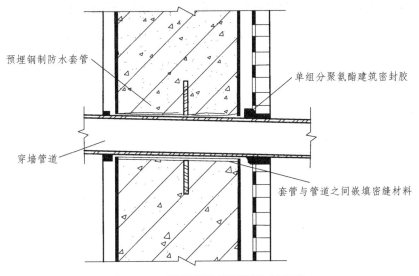

预埋钢制防水套管

单组分聚氨酯建筑密封胶

穿墙管道

套管与管道之间嵌填密缝材料

图 4-24　预制外墙板预留孔洞构造

②　对于各种施工机械、安全防护设施在施工阶段留下的许多临时的施工洞口，则是在外墙防水层、装饰面层施工之前，对洞口逐一进行封堵处理，补浇混凝土，或用砌块砌筑封堵，砂浆填补密实、饱满。在施工缝的交接处、不同材料的交接处，先固定钢丝网，用聚合物水泥防水砂浆进行抹灰找平后，再用高分子咬合型接缝带对基面进行防水加强处理，防水层的搭接与大面保持连续。

6．外墙面大面防水处理

主要包括以下几点：①对外墙板面进行处理。清理墙板表面油污及脱模剂，聚合物水泥浆甩浆作毛化处理，基面满挂热镀锌钢丝网。与预制构件的交界处，留设分隔缝。②基面找平处理。在基面施工 20 mm 厚 M15 掺纤维的普通聚合物水泥砂浆作找平层。③防水施工。在基面均匀涂刷 1.5 mm 厚聚合物水泥防水涂料，分格缝内嵌填单组分聚氨酯建筑密封胶。④外饰面施工。

7．装配式建筑外墙防水质量控制要点

（1）预制件的加工精度要高，墙板表面及预埋附框周边的混凝土要密实，预埋的空心橡胶止水带要预嵌牢固，质量不合格的预制件严禁使用。

（2）拼装预制件时严格确保安装精度，要提前放基准线，按照基准控制线进行吊装。墙板的相互错位和垂直度的偏差不宜大于 5 mm，否则无法压紧橡胶止水条，影响防水效果。

（3）在接缝处施打密封胶要密实、不留缝隙，施工完毕后要检验验收，确保无渗漏后方能进行下一步操作。打胶工序必须由专业的施工团队操作。

（4）做淋水试验检验防水效果。外墙抹灰找平、外门窗安装好后，或防水层施工后，经验收合格，同意进行装饰面层施工前，宜分段、分区进行 24 h 的淋水试验，特别对外墙接缝应进行防水性能抽查，并做淋水试验。每栋房屋淋水试验的数量，每道墙面不少于 10% ~ 20% 的缝，且不少于一条缝。试验时，在屋檐下竖缝 1 m 宽范围内淋水 40 min，并形成水幕。检验有无渗漏现象，对局部外墙有渗漏点的位置，需另增加附加防水层。饰面层全面完成后，应组织对建筑物的外墙进行全面淋水试验，验收合格后方可交付使用。

习　题

1. 装配式建筑防水材料如何选择？
2. 节点部分如何进行防水处理？
3. 外墙板接缝防水构造要求。
4. 预制外墙板接缝的密封防水施工要点。

附录 识图练习

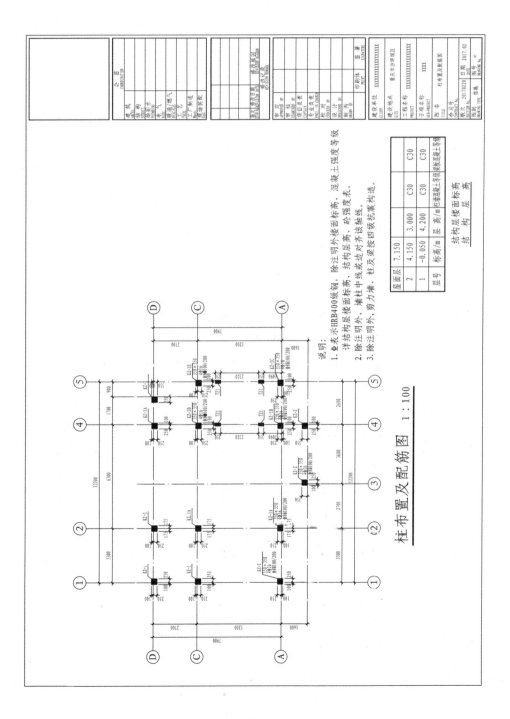

柱布置及配筋图 1:100

说明:
1. 本表示HRB400级钢,除注明外楼面标高、结构层高、混凝土强度等级
   详结构楼面标高、结构层高、砼强度表。
2. 除注明外,墙柱中线或边对齐该轴线。
3. 除注明外,剪力墙、柱及梁按四级抗震构造。

层号	标高	高/m	层高/m	备注
屋面层	7.150			
2	4.150	3.000		C30
1	-0.050	4.200		C30

结构层楼面标高
结构层高

| | | | C30 |
| | | | C30 |
砼楼板混凝土等级砼梁板混凝土等级

版次 20170210 日期 2017.02
图别 地基 图号 施测图 No.

建设单位 CLIENT XXXXXXXXXXXXXXXXX
建设地点 SITE 重庆市沙坪坝区
工程名称 PROJECT XXXXXXXXXXXXXX
单项名称 SUB-PROJECT XXXX
图名 TITLE 柱布置及配筋图
合同号 CONTRACT No.

签署 SIGNATURE
印刷体 PRINT
专业负责 设计 DESIGNED 制图 DRAWN 校核 CHECKED 审核 项目负责 CHARGED 审定 LONGHOLD

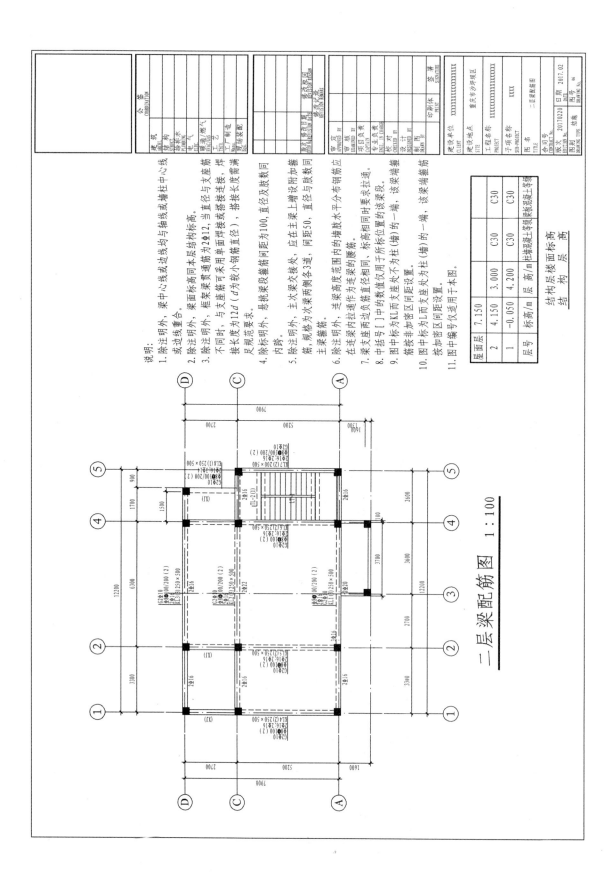

二层梁配筋图 1:100

说明：
1. 除注明外，梁中心线或边线均与轴线或墙柱中心线或边线重合。
2. 除注明外，梁面标高同本层结构标高。
3. 除注明外，框架梁贯通筋为2Φ12，当直径与支座筋不同时，与支座筋可采用单面焊接或搭接连接，焊接长度为12d（d为较小钢筋直径），搭接长度需满足规范要求。
4. 除注明外，悬挑梁箍筋间距为100，直径及肢数同内跨。
5. 除注明外，主次梁交接处，应在主梁上增设附加箍筋，规格与次梁两侧各3道，间距50，直径与肢数同主梁箍筋。
6. 除注明外，连梁在梁范围内的墙肢水平分布钢筋应在连梁内拉通作为连梁的腰筋。
7. 除注明外，梁支座两边或KL两支座直径相同，标高相同时所标于所标位置的该梁段。
8. 中括号[ ]中的数值仅用于所标位置的该梁段。
9. 图中标号为KL而支座处不为柱（墙）的一端，该梁端箍筋按非加密区间距设置。
10. 图中标号为L而支座处为柱（墙）的一端，该梁端箍筋按加密区间距设置。
11. 图中编号仅适用于本图。

结构层楼面标高
结构层高

层号	标高/m	层高/m	柱混凝土等级	墙混凝土等级	梁板混凝土等级
屋面层	7.150				
2	4.150	3.000	C30	C30	C30
1	-0.050	4.200	C30	C30	C30

会签 COORDINATION

修改记录 REVISION RECORD

签署 SIGNATURE

建设单位 CLIENT XXXXXXXXXXXXXXXX
建设地点 SITE 重庆市沙坪坝区
工程名称 PROJECT XXXXXXXXXXXXXXXXX
子项名称 SUB-PROJECT XXXX
图名 TITLE 二层梁配筋图
合同号 CONTRACT No. 20170220
版次 EDITION 第1版
图别 DRAWING TYPE 结施
日期 DATE 2017.02
图号 DRAWING No. 06

- 162 -

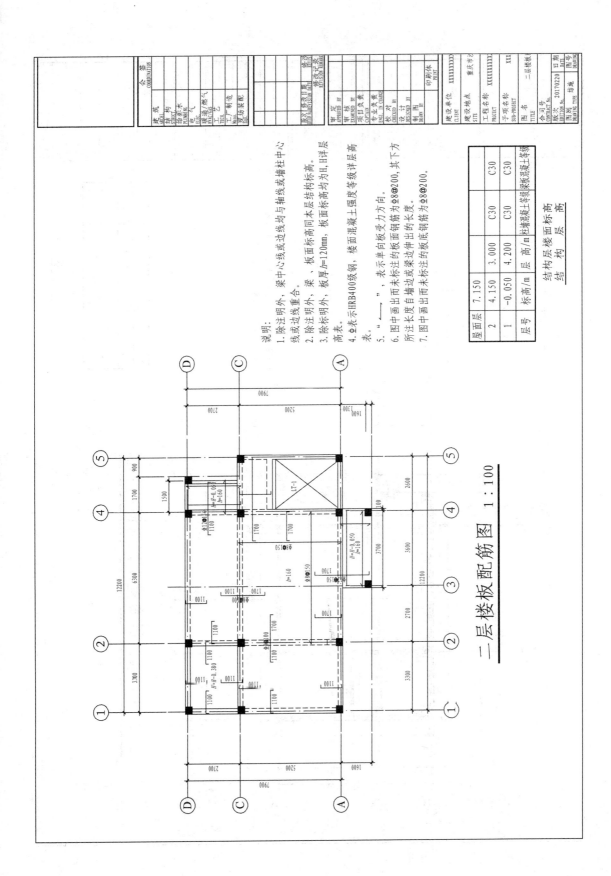

说明：
1. 除注明外，梁中心线、梁或边线均与轴线或墙柱中心线或边线重合。
2. 除注明外，梁、板面标高同本层结构标高。
3. 除标明外，板厚 $h=120mm$，板面标高均为H，H详层高表。
4. ⚫表示HRB400级钢，楼面混凝土强度等级详层高高表。
5. "——"，表示单向板受力方向。
6. 图中画出而未标注的板面钢筋为⚫8@200，其下方所注长度为自墙边或梁边伸出的长度。
7. 图中画出而未标注的板底钢筋为⚫8@200。

结构楼面标层高高

结构层高高

层号	标高/m	层高/m	墙楼混凝土等级	梁板混凝土等级
屋面层	7.150			
2	4.150	3.000	C30	C30
1	-0.050	4.200	C30	C30

二层板配筋图 1：100

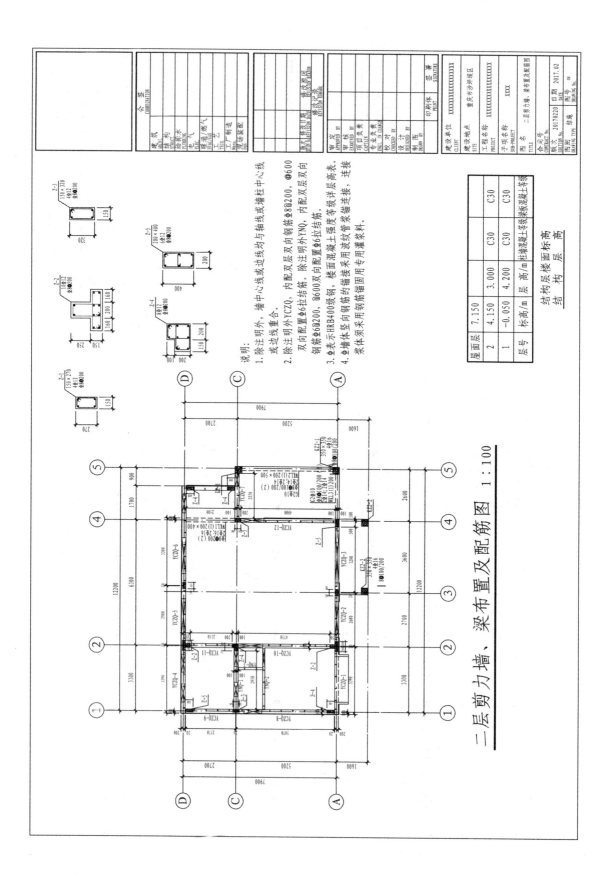

二层剪力墙、梁布置及配筋图 1:100

说明：
1. 除注明外，墙中心线或迎线均与轴线或墙柱中心线或边线重合。
2. 除注明外YCZQ，内配双层双向钢筋Φ8@200，@600双向配置Φ6拉结筋。除注明外YNQ，内配双层双向钢筋Φ6@200，@600双向配置Φ6拉结筋。楼面双层详层高表。
3. Φ表示HRB400级钢，楼面混凝土强度等级详层高表，连接钢筋及波纹管锚采用波纹管灌浆套筒锚连接。
4. 墙体竖向钢筋灌浆套筒锚采用钢筋锚固用专用灌浆料。浆体采用钢筋锚固用专用灌浆料。

结构层楼面标高
结 构 层 高

层号	标高/m	层高/m
屋面层	7.150	
2	4.150	3.000
1	-0.050	4.200

构	层高/m	层高/m	柱混凝土强度等级梁板混凝土等级
			C30 C30
	3.000		C30 C30
	4.200		

建设单位 CLIENT XXXXXXXXXXXXXXXX
建设地点 SITE 重庆市沙坪坝区
工程名称 XXXXXXXXXXXXXXXX
子项名称 SUB-PROJECT XXXX
图 名 TITLE 二层剪力墙、梁布置及配筋图
合同号 CONTRACT No.
版次 EDITION 20170220 日期 DATE 2017.02
图别 DRAWING TYPE 结施
图号 DRAWING No. 04

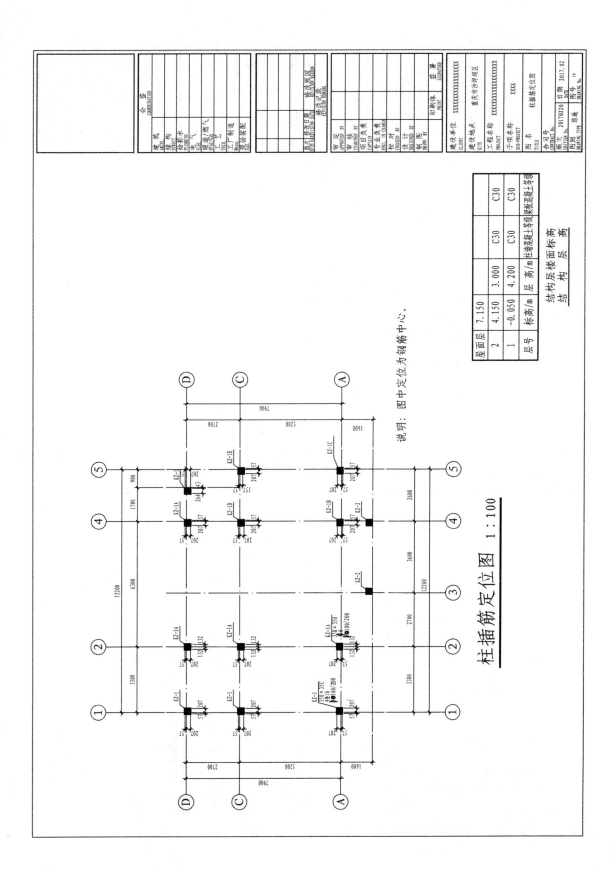

柱插筋定位图 1:100

说明：图中定位为钢筋中心。

层号	标高/m	层高/m	柱墙混凝土等级楼面标高	结构层标高
			结构层标高	
屋面层	7.150			
2	4.150	3.000	C30	C30
1	-0.050	4.200	C30	C30
层号	标高/m	层高/m	柱墙混凝土等级楼面标高	结构层标高

会签
建筑 STRUCT
结构 STRUCT
给排水 PLUMBING
电气 ELEC.GAS/燃气
暖通 HVAC
工厂制造 FACTL
现场装配

修改说明
原因与修改 REVISION AIM
修改汇总表
REVISION REMARKS

审定 APPROVED BY
审核 EXAMINED BY
项目负责 CAPTAIN
专业负责 ENGI.IN CHARGE
校对 CHECKED BY
设计 DESIGNED BY
制图 DRAWN BY

印刷体 PRINT
签署 SIGNATURE

建设单位 CLIENT XXXXXXXXXXXXXXXXX
建设地点 SITE 重庆市沙坪顺区
工程名称 PROJECT XXXXXXXXXXXXXXXXX
子子项名称 SUB-PROJECT XXXX
图名 TITLE 柱墙筋定位图
合同号 CONTRACT No.
概次 EDITION No. 20170220 日期 DATE 2017.02
图别 EDITION 结施 图号 DRAWING No. 10
图别类型 DRAWING TYPE

- 165 -

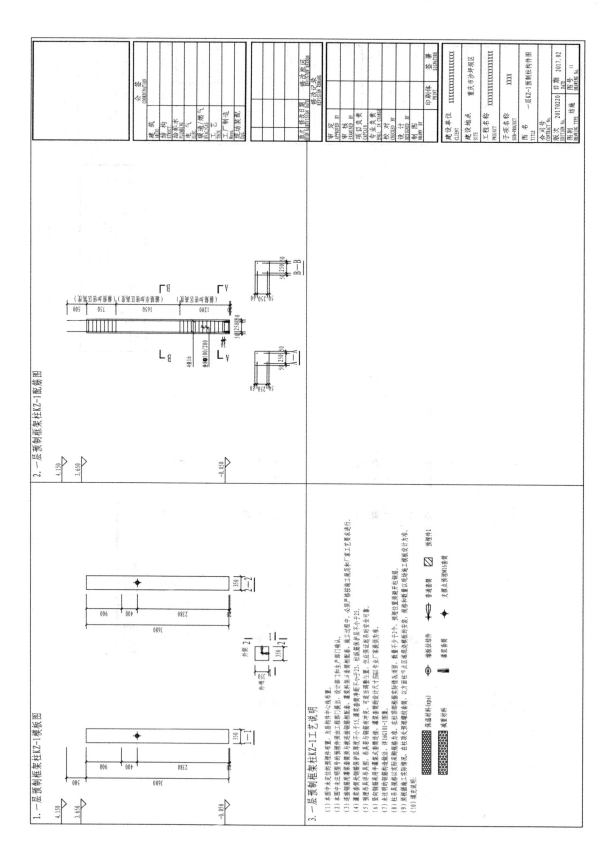

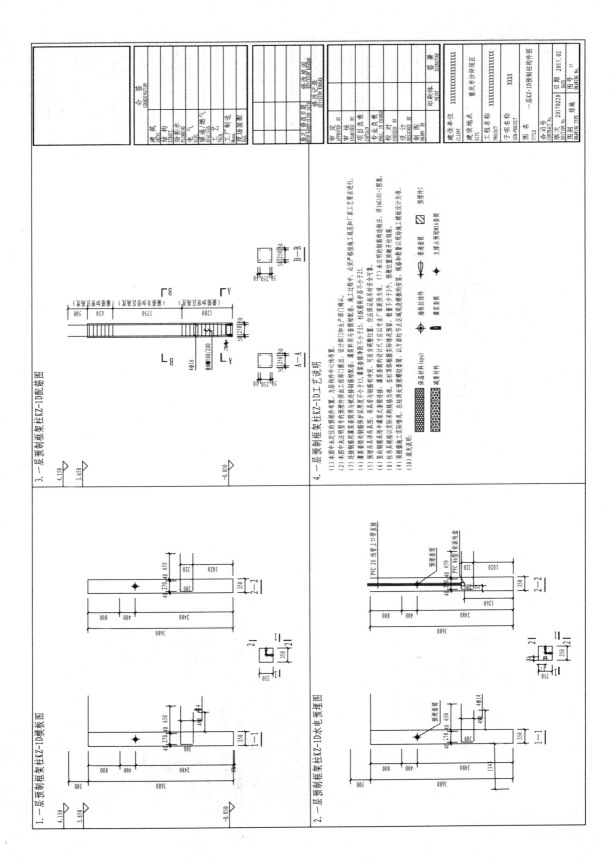

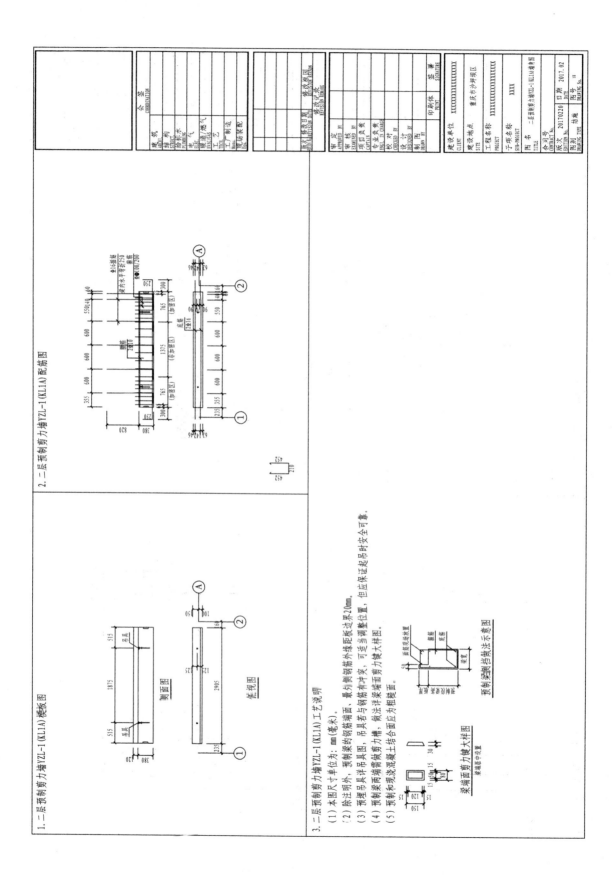

1. 二层预制剪力墙YZL-1(KL1A)模板图

2. 二层预制剪力墙YZL-1(KL1A)配筋图

3. 二层预制剪力墙YZL-1(KL1A)工艺说明

(1) 本图尺寸单位为：mm(毫米)。

(2) 除注明外，预制梁的钢筋端面，最外侧钢筋外缘配板边过20mm。

(3) 预埋吊具详具图。吊具若与钢筋有冲突，可适当调整位置。

(4) 预制梁两端做剪力键详槽。做法详梁端剪力键大样图。

(5) 预制和现浇混凝土结合面为相接面。

预制剪力墙侧档做法示意图

梁端面剪力键大样图

会签 COORDINATION

建筑 ARCHI
结构 STRUCT
给排水 HVAC
电气 ELEC
暖通/燃气 HVAC/GAS
工艺 技术
工厂制造
现场装配

修改记录 REVISION REMARK
意见/修改日期 DATE
修改记录 REVISION REMARK

签署 SIGNATURE
意见人/修改/日期 BY
审定 APPROVED BY
审核 EXAMINED BY
项目负责 CHECKED BY
专业负责 FINAL, IS CHARGE
校对 CHECKED BY
设计 DESIGNED BY
制图 DRAWN BY
印刷体 PRINT

建设单位 CLIENT XXXXXXXXXXXXXXX
建设地点 SITE 重庆市沙坪坝区
工程名称 PROJECT XXXXXXXXXXXXXXXXX
子项名称 SUB-PROJECT XXXX
图 名 TITLE 二层预制剪力墙YZL-1(KL1A)模板图
合同号 CONTRACT No.
版次 EDITION No. 20170220 日期 DATE 2017.02
图号 DRAWING No. 18

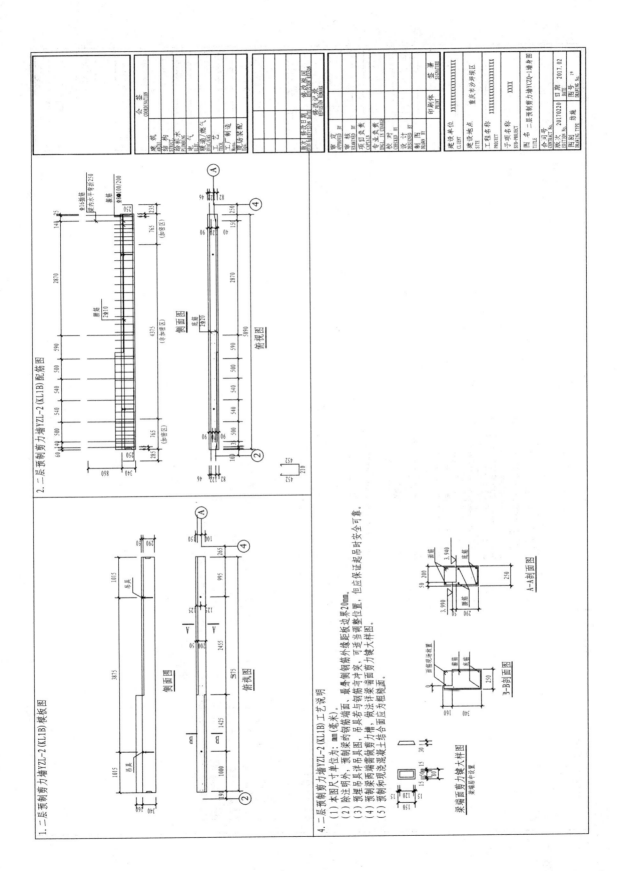

1. 二层预制剪力墙YZL-2 (KL1B) 模板图

2. 二层预制剪力墙YZL-2 (KL1B) 配筋图

4. 二层预制剪力墙YZL-2 (KL1B) 工艺说明

(1) 本图尺寸单位为: mm(毫米)。

(2) 除注明外，预制梁的钢筋面，最易侧钢筋的外缘距板边界20mm。

(3) 预埋吊具详吊具图，吊具若与钢筋有冲突，可适当调整位置。

(4) 预制梁两端面做剪力墙，做法详预制剪力墙大样图。

(5) 预制梁和现浇混凝土结合面应为粗糙面。

侧面图

俯视图

梁端面剪力墙大样图

梁端吊具中装置

A-A剖面图

3-B剖面图

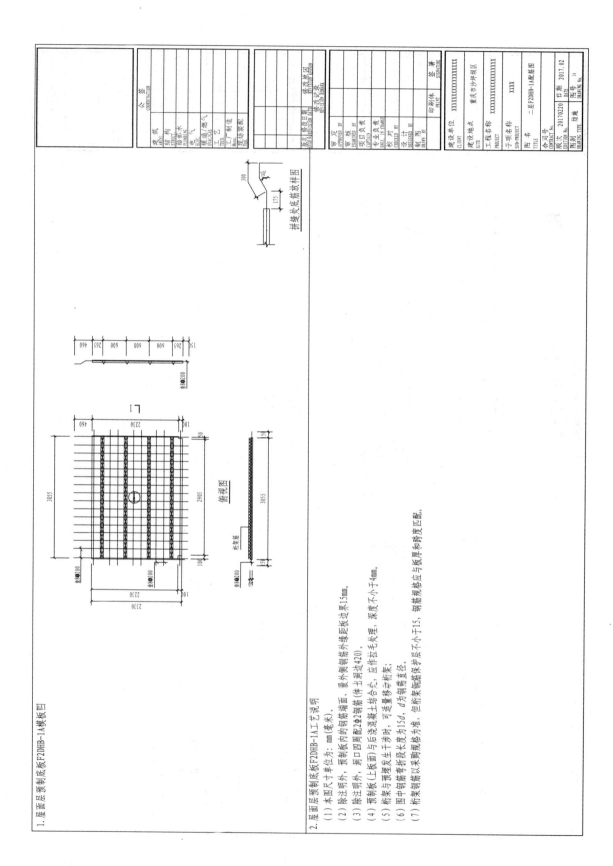

1. 屋面层预制底板F2DHB-1A模板图

拼缝处底筋放大样图

俯视图

2. 屋面层预制底板F2DHB-1A工艺说明

(1) 本图尺寸单位为：mm(毫米)。

(2) 除注明外，预制板内的钢筋端面、最外侧钢筋距板外缘距板边界15mm。

(3) 除注明外，洞口四周配2Φ2钢筋(伸出洞边420)。

(4) 预制板(上板面)与后浇混凝土结合，应作拉毛处理，深度不小于4mm。

(5) 桁架与预埋发生干涉时，可适量移动桁架；

(6) 图中钢筋弯折段长度为15d，d为钢筋直径。

(7) 桁架钢筋以采购规格为准，但桁架钢筋保护层不小于15，钢筋规格应与板厚和跨度匹配。

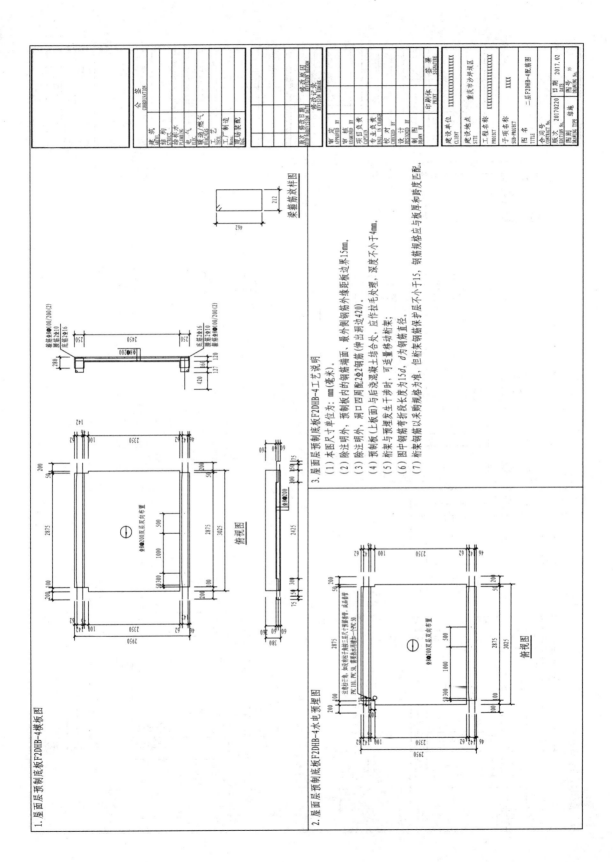

1. 屋面层预制底板F2DHB-4模板图

2. 屋面层预制底板F2DHB-4水电预埋图

3. 屋面层预制底板F2DHB-4工艺说明

(1) 本图尺寸单位为：mm (毫米)。

(2) 除注明外，预制板内的钢筋距端面、最外侧钢筋外缘距板边取15mm。

(3) 除注明外，洞口四周配2ф2钢筋(伸出洞边420)。

(4) 预制板(上板面)与后浇混凝土结合处，应作拉毛处理，深度不小于4mm。

(5) 桁架与预埋件发生干涉时，可适量移动桁架。

(6) 图中钢筋弯折段长度为15d，d为钢筋直径。

(7) 桁架钢筋以采购规格为准，但桁架钢筋保护层不小于15，钢筋规格应与板厚和跨度匹配。

梁筋筋放样图

俯视图

俯视图

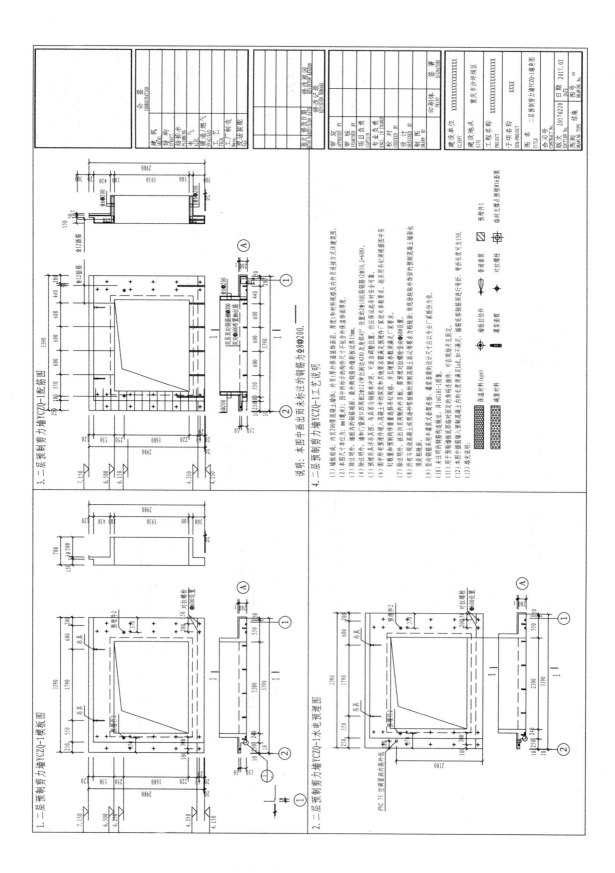

- 172 -

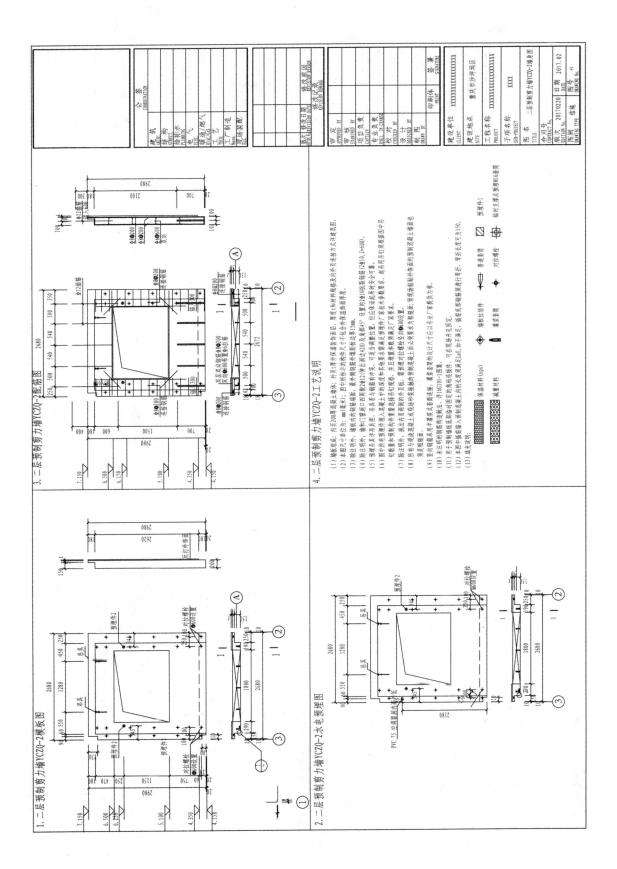

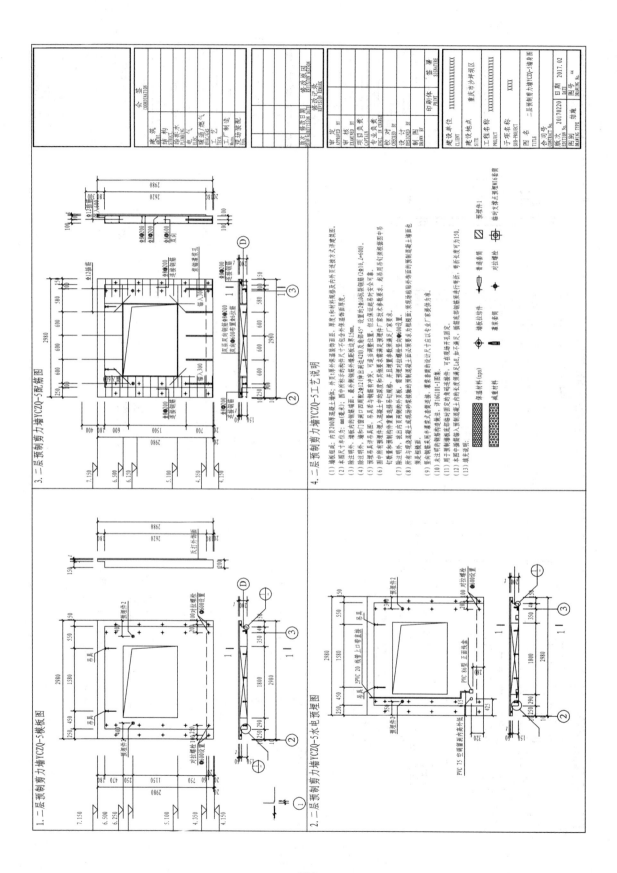

- 174 -

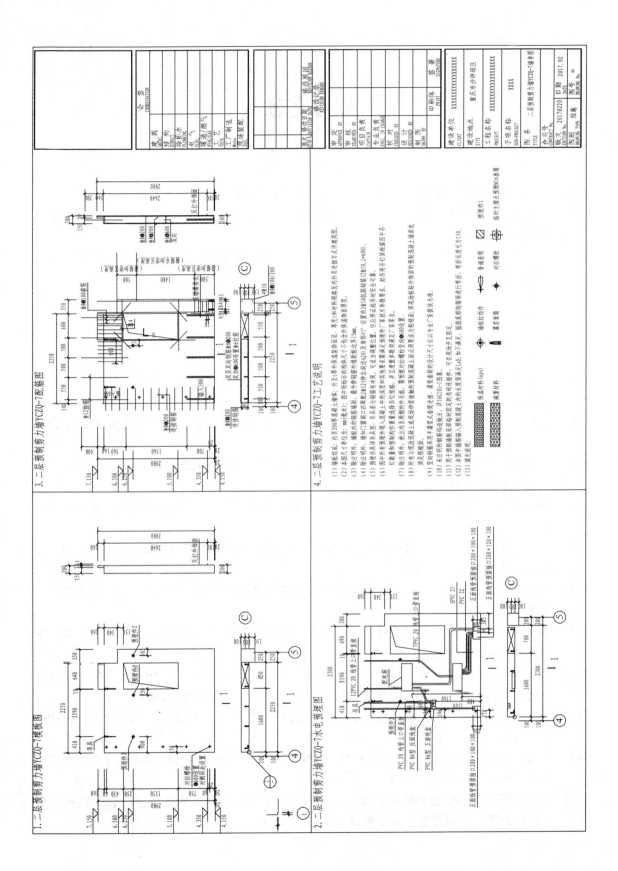

参考文献

[1] 中国建筑工业出版社编. 著译编校工作手册[M]. 北京：中国建筑工业出版社，2006.

[2] 中华人民共和国住房和城乡建设部.建筑施工安全检查标准[S]. 北京：中国建筑工业出版社，2011.

[3] 中华人民共和国建设部. 建筑起重机械安全监督管理规定[M]. 北京：中国建筑工业出版社，2008.

[4] 中华人民共和国住房和城乡建设部. 建筑施工工具式脚手架安全技术规范[S]. 北京：光明日报出版社，2009.

[5] 中华人民共和国住房和城乡建设部. 建设工程高大模板支撑系统施工安全监督管理导[M]. 北京：中国建筑工业出版社，2009.

[6] 中华人民共和国住房和城乡建设部. 关于落实建设工程安全生产监理责任的若干意见[S]. 北京：住房和城乡建设部，2006.

[7] 中华人民共和国住房和城乡建设部. 关于进一步强化住宅工程质量管理和责任的通LSJ. 北京：住房和城乡建设部，2010.

[8] 中华人民共和国住房和城乡建设部. 建设工程施工合同（示范文本）[M]. 北京：中国法制出版社，2013.

[9] 中华人民共和国住房和城乡建设部. 建设工程监理合同（示范文本）[M]. 北京：中国建筑工业出版社，2013.

[10] 中华人民共和国住房和城乡建设部. 房屋市政工程质量事故报告和调查处理[R]. 北京：住房和城乡建设部，2011.

[11] 建设部标准定额研究所. 房屋建筑工程施工旁站监理管理办法[S]. 北京：中国建筑工业出版社，2002.

[12] 中华人民共和国住房和城乡建设部. 钢筋连接用灌浆套筒 JG/T 398-2012[S]. 北京：中国标准出版社，2012.

[13] 北京市住房和城乡建设委员会，北京市质量技术监督局. DB11/T 1030 装配式混凝土结构工程施工与质量验收规程[S]. 北京：中国建筑工业出版社，2013.

[14] 中华人民共和国住房和城乡建设部. GB 50204 混凝土结构工程施工质量验收规范[S]. 北京：中国建筑工业出版社，2015.

[15] 重庆市城乡建设委员会. DBJ 50193 装配式混凝土住宅建筑结构设计规程[S]. 北京：中国建筑工业出版社，2014.

[16] 中华人民共和国住房和城乡建设部. JGJ/T 258 预制带肋底板混凝土叠合楼板技术规程[S]. 北京：中国建筑工业出版社，2011.

[17]　山东省住房和城乡建设厅, 山东省质量技术监督局. DB 3715016　建筑外窗工程建筑技术规范[S]. 北京：中国建材工业出版社，2014.

[18]　安徽省质量技术监督局. DB 34/T 810　叠合板式混凝土剪力墙结构技术规程[S]. 北京：中国建材工业出版社，2008.

[19]　张喆. 预制装配式建筑外墙防水构造及施工要点[J]. 中华建设，2015（4）：120-121.

[20]　龙飞. 装配式建筑外墙拼缝用密封胶的性能对比研究[J]. 中国建筑防水，2017（14）.

[21]　傅申森. 浅议装配式外墙板接缝密封胶的选用[J]. 中国住宅设施，2015（4）.

[22]　张勇. 装配式混凝土建筑防水技术概述[J]. 中国建筑防水，2015（13）.

[23]　邓凯. 某装配式建筑外墙防水设计及节点构造处理[J]. 中国建筑防水，2016（24）.